聪明宝宝

cooking

怎么吃

王晶　左小霞　主编

电子工業出版社
Publishing House of Electronics Industry
北京·BEIJING

图书在版编目（CIP）数据

聪明宝宝怎么吃 / 王晶，左小霞主编．-- 北京：电子工业出版社，2014.3
（悦然·亲亲小脚丫系列）
ISBN 978-7-121-21492-9

Ⅰ．①聪…　Ⅱ．①王…②左…　Ⅲ．①婴幼儿－保健－食谱　Ⅳ.①TS972.162

中国版本图书馆 CIP 数据核字（2013）第 217456 号

责任编辑：王　维

印　　刷：北京千鹤印刷有限公司
装　　订：北京千鹤印刷有限公司
出版发行：电子工业出版社
　　　　　北京市海淀区万寿路 173 信箱　邮编：100036
开　　本：720×1000　1/16　印张：13　字数：292 千字
印　　次：2014 年 3 月第 1 次印刷
定　　价：39.90 元

凡所购买电子工业出版社图书有缺损问题，请向购买书店调换。若书店售缺，请与本社发行部联系，联系及邮购电话：（010）88254888。

质量投诉请发邮件至 zlts@phei.com.cn，盗版侵权举报请发邮件到 dbqq@phei.com.cn。

服务热线：（010）88258888。

前 言
PREFACE

从得知宝贝到来的兴奋到怀胎数月的天天期盼，你和最爱的他（她）虽然还未与宝贝见面，但对他的爱却在想象与现实间一日浓于一日，最后在宝贝的第一声啼哭中升华为浓浓的幸福。看着眼前这个肉嘟嘟的小不点，相信每对父母都想把所有最好的留给他一个人！

与此同时，所有父母心中画下的第一个问号就是：宝宝应该怎样喂养才能健康聪明？这一个疑问，几乎涵盖了父母对宝宝最纯粹、最简单、最无私的爱，只要宝宝健康聪明，便别无他求。

带着为新手爸妈解决宝宝喂养中诸多疑问的初衷，我们特别编撰了这本《聪明宝宝怎么吃》，手把手教新手爸妈科学喂养宝宝的方方面面，帮助新手爸妈养育出所期盼的健康又聪明的宝贝。

全书共分五章，囊括了喂养宝宝会遇到的一系列问题：聪明宝宝同步喂养按月速查、聪明宝宝的健康辅食、宝宝一日三餐营养食谱、聪明宝宝最爱的食物、聪明宝宝特效功能食谱。

本书的最大亮点是，根据宝宝成长阶段的不同，给出适合这个阶段的相应喂养方案，并配有食材好买、做法简单的食谱示例。同时，全书语言风格轻松，文字浅显易懂，爸爸妈妈们一看就明白！

愿本书陪伴您喂养宝宝的每一天，并跟您一起见证宝宝咿呀学语或蹒跚学步的欣喜时刻。等宝宝健康长大的那一天，更愿这本书仍盛满爱和浓浓的幸福回忆！

目录 CONTENTS

宝宝喂养要做到营养均衡　　13

PART 1 聪明宝宝同步喂养按月速查
宝宝饮食最佳方案

第1个月新生儿同步喂养方案　　16
宝宝的营养需求　　16
专家建议　　16
不要浪费你的初乳/新妈妈产后要增加营养
哺喂课堂　　17
母乳喂养/人工喂养/混合喂养　　17
健康妈咪一日营养计划　　17
聪明宝宝一日营养计划　　17
新妈妈催乳食谱　　18
黄豆猪蹄汤/鸡丝豌豆汤/鲢鱼冬瓜汤/
山药乌鸡汤

第2个月宝宝同步喂养方案　　20
宝宝的营养需求　　20
专家建议　　20
哺乳妈咪每天应该这样吃/宝宝拒绝吃奶应找
医生查看
哺喂课堂　　21
母乳喂养/人工喂养/混合喂养
健康妈咪一日营养计划　　21
聪明宝宝一日营养计划　　21
新妈妈催乳食谱　　22
小米红糖粥/鲫鱼豆腐汤/腔骨菜心汤/
花生红枣鸡汤

第3~4个月宝宝同步喂养方案　　24
宝宝的营养需求　　24
专家建议　　24
哺喂课堂　　24
母乳喂养/人工喂养/混合喂养
健康妈咪一日营养计划　　25
聪明宝宝一日营养计划　　25
新妈妈催乳食谱　　26
银耳木瓜排骨汤/山药鱼头汤/黑芝麻燕麦糊/
花生猪蹄浓汤

第5~6个月宝宝同步喂养方案　　28
宝宝的营养需求　　28
专家建议　　28
辅食添加时间/尊重宝宝的食量/配方奶不必
再加糖/添加辅食的原则
哺喂课堂　　29
母乳喂养/人工喂养/混合喂养/辅食添加
聪明宝宝一日营养计划　　30
聪明宝宝营养食谱　　31
大米糊/绿豆汤/苹果汁/油菜汁/米粉/饼干粥

第7~9个月宝宝同步喂养方案　　34
宝宝的营养需求　　34

专家建议　34
辅食的摄入量因人而异/饭菜肉类要分开
哺喂课堂　34
母乳喂养/人工喂养/混合喂养/辅食添加
聪明宝宝一日营养计划　35
聪明宝宝营养食谱　36
红薯泥/鸭肝肉泥/蔬菜面/南瓜粥

第10~12个月宝宝同步喂养方案　38

宝宝的营养需求　38
专家建议　38
不要拿罐头等加工类食品做辅食/春、秋季是
断奶的最佳季节
哺喂课堂　39
母乳喂养/人工喂养/混合喂养/辅食添加
聪明宝宝一日营养计划　39
聪明宝宝营养食谱　40
玉米肉圆/水果蛋羹/鲜汤小饺子/胡萝卜小鱼粥

1岁~1.5岁宝宝同步喂养方案　42

宝宝的营养需求　42
专家建议　42
忌给宝宝吃补品/合理选择零食
哺喂课堂　43
不要让宝宝吃大人的食物/不可缺少动物性食
物/适当控制肥胖宝宝的饮食

聪明宝宝一日营养计划　43
聪明宝宝营养食谱　44
双色饭团/小白菜丸子汤/水果豆腐/奶汁西蓝花

1.5岁~2岁宝宝同步喂养方案　46

宝宝的营养需求　46
专家建议　46
别忘了给宝宝补锌/宝宝的辅食应粗细搭配
哺喂课堂　47
不宜给宝宝吃的危险食物/宝宝吃多了怎么办/
为偏食宝宝补充营养的方法
聪明宝宝一日营养计划　47
聪明宝宝营养食谱　48
果酱松饼/菠菜肉羹/熘鱼片/鸡肉烧金针菇

2~3岁宝宝同步喂养方案　50

宝宝的营养需求　50
专家建议　50
少给宝宝吃反季节蔬果/不给宝宝用彩色的餐具
哺喂课堂　51
合理安排吃零食的时间/鱼刺卡在喉咙里的正
确处理方法
聪明宝宝一日营养计划　51
聪明宝宝营养食谱　52
玲珑牛奶馒头/白灼虾/鲜果沙拉/清煮嫩豆腐

PART2 聪明宝宝的健康辅食
与母乳同样重要

制作辅食所需的厨具　56
辅食食材冷冻储存要点　56
自己动手制作天然调味料　57

第5个月添加流质型辅食　58
辅食种类　58
辅食添加要点　58

辅食烹饪要点　　　　58
辅食添加疑问解答　　　　59
制作辅食必须用开水吗/怎样让宝宝很快地适应勺子喂食/菜汁和果汁可以一次做出一天的量吗/应该先喂菜汁还是果汁
流质型辅食推荐　　　　60
大米汤/挂面汤/玉米汁/南瓜汁/小白菜汁/西瓜汁/玉米面粥/南瓜米糊

第6个月添加吞咽型辅食　　　　64
辅食种类　　　　64
辅食添加要点　　　　64
辅食烹饪要点　　　　64
不需要调味/用一种食材连续做3~4天
辅食添加疑问解答　　　　65
宝宝不吃煮鸡蛋黄怎么办/鱼刺太多不好处理怎么办/宝宝的辅食越碎越好吗/可以用微波炉加热宝宝的辅食吗
吞咽型辅食推荐　　　　66
蛋黄泥/香蕉粥/菜花米糊/圆白菜米糊/玉米米糊/土豆米糊/花生米糊/糯米糊

第7~9个月添加蠕嚼型辅食　　　　70
辅食种类　　　　70
辅食添加要点　　　　70
辅食烹饪要点　　　　70
辅食添加疑问解答　　　　71
宝宝这几天突然变得没有食欲怎么办/怎么才能知道宝宝是不是吃饱了/宝宝一直吃自制米粉好吗/添加蠕嚼型辅食时能给宝宝吃零食吗/给宝宝制作的辅食可以用蜂蜜调味吗/怎样做肉类食物容易让宝宝吞咽
蠕嚼型辅食推荐　　　　72
油菜土豆粥/青菜烂粥/芋头玉米泥/核桃牛奶/茄子泥/肉末蛋羹/鸡肉番茄羹/菠菜鸡肝泥

第10~11个月添加细嚼型辅食　　　　76
辅食种类　　　　76
碳水化合物、蛋白质、维生素三者合理搭配/多做些能让宝宝食在手里吃的块、条状食物
辅食添加要点　　　　76
辅食烹饪要点　　　　77
辅食添加疑问解答　　　　77
宝宝突然拉坚硬的圆状便便，并且排便困难怎么办/宝宝不吃口味淡的食物，就喜欢吃带咸味的食物，有什么解决办法吗/正常的辅食量宝宝却吃不饱，喂食的分量有严格的限制吗/宝宝一天只有一顿饭吃得好，其他几顿都没有胃口是怎么回事/宝宝太胖怎么喂饭才好
细嚼型辅食推荐　　　　78
香菇蒸蛋/鸡蓉汤/海带细丝小丸子/鳕鱼面条/菠菜排骨面/栗子蔬菜粥/红薯拌南瓜/水果杏仁豆腐羹

1岁以后添加咀嚼型辅食　　　　82
辅食种类　　　　82
辅食添加要点　　　　82
辅食烹饪要点　　　　82
盐的调味浓度是成人口味的1/4~1/3/把宝宝不爱吃的食物混在爱吃的食物中
辅食添加疑问解答　　　　83
宝宝不喜欢喝牛奶，如何补钙/给宝宝喂生水果行不行/宝宝不喜欢吃米饭，能否用蛋糕来代替/宝宝吃汤泡饭到底好不好
咀嚼型辅食推荐　　　　84
三鲜小馄饨/香菇鸡肉粥/海带黄瓜饭/蔬菜饼/圆白菜炒粉丝/蘑菇奶油烩青菜/牡蛎煎蛋/韭菜炒鸭肝

宝宝的一日三餐应该怎么吃 90

双休日宝宝的三餐仍要定时定量 91

宝宝吃饭时不能做的三件事 91

营养早餐 92

套餐一
胡萝卜芹菜粥 + 炖鱼泥 + 香蕉1个 92

套餐二
茴香鸡蛋包子 + 拌海带 + 猕猴桃1个
+ 牛奶200毫升 93

套餐三
豆沙包 + 白菜肉片汤 + 橘子1个 94

套餐四
南瓜拌饭 + 鲜蘑菇炒豌豆 + 桃子1个 95

套餐五
排骨汤面 + 蘑菇炒蛋 + 草莓5个 96

套餐六
番茄汁烩肉饭 + 虾皮黄瓜汤 + 葡萄20克 97

丰盛午餐 98

套餐一
燕麦绿豆甜粥 + 芹菜炒肉丝 + 卤豆干
20克 98

套餐二
黄豆玉米饭 + 生菜肉卷 + 草莓汁 99

套餐三
菠菜鸡蛋面 + 清蒸带鱼 + 小番茄3个 100

套餐四
栗子稀饭 + 核桃蔬菜沙拉 + 蛋松15克 101

套餐五
米团汤 + 花豆腐 + 牛肉干15克 102

套餐六
韭菜鲜肉馄饨 + 蛋奶菜心 + 桃子1个 103

健康晚餐 104

套餐一
五彩什锦饭 + 冬瓜鱼丸汤 + 香蕉1个 104

套餐二
酸奶香米粥 + 菜花土豆泥 + 酸奶200克 105

套餐三
香菇素菜包 + 蛤蜊蛋汤 + 苹果1个 106

套餐四
蛋花番茄面 + 白菜肉泥 + 猕猴桃1个 107

套餐五
莲子糯米粥 + 青菜肝末+ 橘子1个 108

套餐六
豆沙酥饼 + 番茄西蓝花 + 黄豆豆浆 109

聪明宝宝最爱的食物
吃出健康乖宝宝

0~3岁聪明宝宝的宜吃忌吃食物 112

食物颜色与五脏调养 112

为宝宝选择最健康的食物 113

玉米 让宝宝头脑聪明身体棒 114

谈营养说健康 114

专家连线 114

新手妈咪学着做 114

用玉米糁煮出营养好喝的7倍粥

营养菜谱推荐 115

玉米豆腐萝卜糊/玉米面发糕

小米 给宝宝做出"代参汤" 116

谈营养说健康 116

专家连线 116

新手妈咪学着做 116

5倍小米粥与大人米饭一锅出

营养菜谱推荐 117

鸡肝小米粥/小米黄豆面煎饼

胡萝卜 营养好吃又不上火的"小人参" 118

谈营养说健康 118

专家连线 118

新手妈咪学着做 118

让宝宝爱上胡萝卜的味道

营养菜谱推荐 119

胡萝卜鸡蛋碎/香菇胡萝卜面

红薯 宝宝体内酸碱平衡的调节师 120

谈营养说健康 120

专家连线 120

新手妈咪学着做 120

用红薯自制放心的食物磨牙棒

营养菜谱推荐 121

红薯鸡蛋饼/芋头红薯甜汤

菠菜 理想的叶酸补充剂 122

谈营养说健康 122

专家连线 122

新手妈咪学着做 122

不影响钙吸收的菠菜吃法

营养菜谱推荐 123

奶油菠菜/鹌鹑蛋菠菜汤

西蓝花 吃出宝宝自己的免疫力 124

谈营养说健康 124

专家连线 124

新手妈咪学着做 124

让藏在花柄处的菜虫现形

营养菜谱推荐 125

牛奶西蓝花/西蓝花豆浆汁

番茄 守卫宝宝健康的最强抗氧化剂 126

谈营养说健康 126

专家连线 126

新手妈咪学着做 126

巧去番茄的皮和子

营养菜谱推荐 127

牛肝拌番茄/番茄荷包蛋

洋葱 宝宝的健康卫士 128

谈营养说健康 128

专家连线 128

新手妈咪学着做 128

巧切洋葱不流泪

营养菜谱推荐 129
洋葱圈煎鸡蛋/什锦烩饭

牛肉 强壮身体的最好肉食 130
谈营养说健康 130
专家连线 130
新手妈咪学着做 130
做出宝宝爱吃的软烂牛肉
营养菜谱推荐 131
胡萝卜牛肉粥/菠萝牛肉

动物肝脏 宝宝的天然补铁食物 132
谈营养说健康 132
专家连线 132
新手妈咪学着做 132
巧洗动物肝脏,干净没异味
营养菜谱推荐 133
芝麻肝/肝黄粥

虾 鲜美的补钙能手 134
谈营养说健康 134
专家连线 134
新手妈咪学着做 134
巧用牙签去虾线
营养菜谱推荐 135
清蒸基围虾/虾末菜花

鸡蛋 价格低廉的婴幼儿营养库 136
谈营养说健康 136
专家连线 136
新手妈咪学着做 136
煮出营养好吃的嫩鸡蛋
营养菜谱推荐 137
虾皮鸡蛋羹/奶酪炒鸡蛋

深海鱼 营养全身的天然保健品 138
谈营养说健康 138
专家连线 138
新手妈咪学着做 138
让鱼肉的味道更鲜美
营养菜谱推荐 139
鱼肉香糊/金黄鳕鱼片

苹果 让宝宝头脑好用的"记忆果" 140
谈营养说健康 140
专家连线 140
新手妈咪学着做 140
宝宝爱吃妈妈做的熟苹果泥
营养菜谱推荐 141
苹果沙拉/苹果馅饼

猕猴桃 呵护宝宝健康的维C之王 142
谈营养说健康 142
专家连线 142
新手妈咪学着做 142
催熟猕猴桃,苹果和梨来帮忙
营养菜谱推荐 143
猕猴桃杏汁/猕猴桃果酱

橙子 让宝宝少生病的酸甜精灵 144
谈营养说健康 144
专家连线 144
新手妈咪学着做 144
轻松去橙子皮
营养菜谱推荐 145
猕猴桃橙汁/香蕉橙子豆浆

香菇 赶走宝宝身边的感冒病毒　146

谈营养说健康　146
专家连线　146
新手妈咪学着做　146
超省时快速泡发干香菇
营养菜谱推荐　147
七彩香菇/香菇猪肉水饺

木耳 宝宝消化系统的"清道夫"　148

谈营养说健康　148
专家连线　148
新手妈咪学着做　148
泡出松软朵大的木耳
营养菜谱推荐　149
木耳炒肉/核桃木耳大枣粥

海带 宝宝摄取钙、铁的宝库　150

谈营养说健康　150
专家连线　150
新手妈咪学着做　150
把海带烧得酥烂的窍门
营养菜谱推荐　151
肉末海带面/海带冬瓜汤

豆腐 蛋白质绝佳补充剂　152

谈营养说健康　152
专家连线　152
新手妈咪学着做　152
简单几步自制嫩滑豆腐脑
营养菜谱推荐　153
豆腐羹/银鱼酱豆腐

牛奶 宝宝最好的钙质来源　154

谈营养说健康　154
专家连线　154
新手妈咪学着做　154
不丢营养的牛奶加热法
营养菜谱推荐　155
蔬菜牛奶羹/酸奶牛肉球

核桃 宝宝的"益智果"　156

谈营养说健康　156
专家连线　156
新手妈咪学着做　156
核桃去壳有窍门
营养菜谱推荐　157
核桃奶酪/核桃鸡丁

红枣 味道甜美的"天然维生素丸"　158

谈营养说健康　158
专家连线　158
新手妈咪学着做　158
自制细滑去皮枣泥
营养菜谱推荐　159
红枣花卷/红枣粟米羹

芝麻 宝宝的天然护肤品　160

谈营养说健康　160
专家连线　160
新手妈咪学着做　160
自制宝宝好吸收的黑芝麻糊
营养菜谱推荐　161
蜜奶芝麻羹/芝麻小白菜

PART 5 聪明宝宝特效功能食谱
配餐科学身体棒

聪明宝宝不能缺少的营养素 164

蛋白质 164

脂肪 164

碳水化合物 165

维生素A 165

B族维生素 165

维生素C 166

钙 166

铁 166

锌 167

维生素E 167

钾 167

补锌食谱 168

补锌明星食材大盘点 168

哪些宝宝容易缺锌 168

动物性食品含锌量高 168

钙与铁可促进锌的吸收 168

补锌食谱推荐 169

牡蛎南瓜羹/番茄鳜鱼泥

补钙食谱 170

补钙明星食材大盘点 170

镁可促进钙的吸收 170

蛋白质摄入过量会"排挤"钙 170

常晒太阳无须额外补充维生素D 170

补钙食谱推荐 171

虾皮丝瓜汤/海米冬瓜/海鲜炖豆腐/玛瑙豆腐/核桃花生牛奶羹/海带炖肉

补铁食谱 174

补铁明星食材大盘点 174

含铁食物要与含维生素C的食物同吃 174

远离含草酸食物 174

补铁食谱推荐 175

木耳炒肉末/枣泥羹/蛋皮如意肝卷/麻酱鸡丝/豌豆蛋黄泥/菠菜猪血汤

增强免疫力食谱 178

增强免疫力明星食材大盘点 178

宝宝免疫力低下的表现 178

增强宝宝免疫力的科学方法 178

增强免疫力食谱推荐 179

香菇疙瘩汤/胡萝卜汤/鲜橙泥/海参蛋汤/肉末蒸圆白菜/红薯酸奶

益气补血食谱 182

益气补血明星食材大盘点 182

少吃会耗气的食物 182

越细碎的食物越补气血 182

益气补血食谱推荐 183

豆豉牛肉/桂圆红枣豆浆

健脑益智食谱 184

健脑益智明星食材大盘点 184

远离含铅、含铝食物 184

少吃太咸或太甜的食物 184

吃得过饱容易变笨 184

健脑益智食谱推荐 185

胡萝卜拌莴笋/花生大米粥/番茄肝末汤/芝麻核桃露/黄豆鱼蓉粥/苹果酸奶饮

明目护眼食谱 188

明目护眼明星食材大盘点 188

对眼睛有益的营养素 188

维生素A/胡萝卜素/维生素C/钙/维生素B₂

甜食过量伤眼睛 188

少吃辣味食物 188

明目护眼食谱推荐 189

玉米豌豆粥/油菜蛋羹

健齿食谱 190

健齿明星食材大盘点 190

能健齿的营养素 190

矿物质/蛋白质/维生素

控制含糖食物的摄入 190

健齿食谱推荐 191

绿豆奶酪/紫菜鲈鱼卷

健脾开胃食谱 192

健脾开胃明星食材大盘点 192

调理宝宝脾胃功能的方法 192

忌吃寒凉食物 192

健脾开胃应规律进食 192

健脾开胃食谱推荐 193

红豆山楂米糊/山药羹

润肠排毒食谱 194

润肠排毒明星食材大盘点 194

宝宝体内可能藏毒的表现 194

便秘/口臭/皮肤瘙痒/湿疹

警惕可能藏毒的食品 194

润肠排毒食谱推荐 195

瘦肉玉米糙粥/蔬菜卷

改善睡眠食谱 196

改善睡眠明星食材大盘点 196

晚餐远离三类食物 196

喝牛奶改善睡眠有讲究 196

晚餐不过饱，睡前不过动 196

改善睡眠食谱推荐 197

牛奶小米粥/红枣山药粥

去火食谱 198

去火明星食材大盘点 198

少吃易上火的食物 198

宝宝去火饮食要点 198

常吃新鲜水果和蔬菜/饮水充足/饮食应注重平衡和清淡

去火食谱推荐 199

绿豆莲藕汤/姜汁黄瓜

乌发护发食谱 200

乌发护发明星食材大盘点 200

宝宝头发枯黄的原因 200

营养不良性黄发的饮食对策 200

酸性体质黄发的饮食对策 200

能乌发护发的营养素 200

乌发护发食谱推荐 201

麻酱花卷/猪肝摊鸡蛋

祛湿食谱 202

祛湿明星食材大盘点 202

夏季要注意给宝宝祛湿 202

少吃热带水果和海鲜 202

祛湿食谱推荐 203

红豆薏米糊/蒜泥蚕豆

润肺食谱 204

润肺明星食材大盘点 204

多吃白色食物 204

食物生熟吃润肺效果不同 204

秋季润肺宜多喝水 204

润肺食谱推荐 205

鲜藕梨汁/鲜白萝卜汤

补益肝脏食谱 206

补益肝脏明星食材大盘点 206

护肝常吃绿色食物 206

多吃酸味食物 206

保持清淡的口味 206

远离食物污染 206

补益肝脏食谱推荐 207

黑米青豆豆浆/胡萝卜羹

宝宝喂养要做到营养均衡

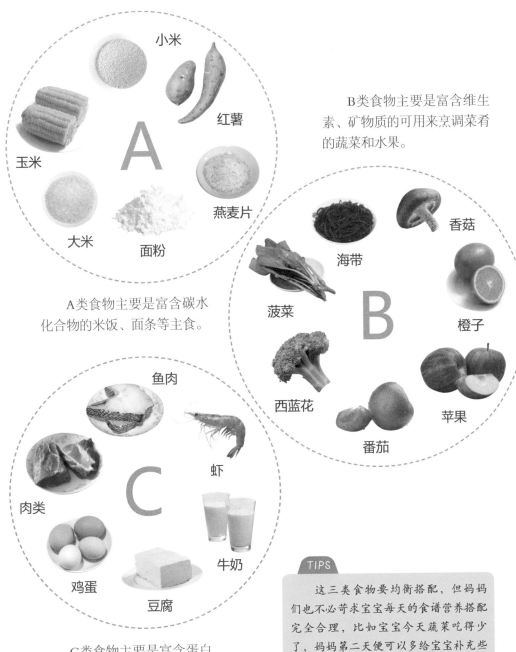

小米

红薯

玉米

A

大米

面粉

燕麦片

B类食物主要是富含维生素、矿物质的可用来烹调菜肴的蔬菜和水果。

海带

香菇

菠菜

B

橙子

西蓝花

苹果

番茄

A类食物主要是富含碳水化合物的米饭、面条等主食。

鱼肉

虾

肉类

C

鸡蛋

牛奶

豆腐

C类食物主要是富含蛋白质的可用于烹调各种汤的鱼类、肉类等。

TIPS

这三类食物要均衡搭配，但妈妈们也不必苛求宝宝每天的食谱营养搭配完全合理，比如宝宝今天蔬菜吃得少了，妈妈第二天便可以多给宝宝补充些蔬菜。另外，妈妈们也可以2～3天为单位为宝宝合理搭配饭菜。

PART **1**

聪明宝宝同步喂养
按月速查
宝宝饮食最佳方案

第1个月新生儿
同步喂养方案

宝宝的营养需求

足月生产的宝宝，新生儿时期第一周每天对热量的需求为每千克体重60千卡（1千卡=4.184千焦），第二周以后的热量需求约为每千克体重95千卡。对蛋白质不仅量的要求很高，对质的要求也很高：母乳喂养的宝宝，每天每千克体重需要大约2克蛋白质；用配方奶喂养的宝宝，每天每千克体重需要3~5克蛋白质；早产儿相对来说需要的蛋白质要更多一些，通常每千克体重需要3~4克蛋白质。每100毫升母乳能提供1.2克蛋白质，每100毫升配方奶能提供3.3克蛋白质。

新生儿时期的宝宝，同样需要各种脂肪酸和脂类，其中必需脂肪酸的摄入应占总热量的1%~3%，因此每天应摄入脂肪15~18克。每天推荐摄入300毫克钙、300微克铁、200微克维生素A（视黄醇当量）、10微克维生素D等。母乳喂养的宝宝在新生儿期不需要额外喝水，人工喂养的宝宝在喝奶的间隔时间里可以喂30~50毫升水。

专家建议

★ 不要浪费你的初乳

初乳是新妈妈分娩后一周内分泌的乳汁，颜色淡黄，黏稠且量很少，有些人的初乳会显得较稀，甚至像水一样。传统观点认为初乳很脏，是"灰奶"，没有营养价值，不让宝宝吃，等乳汁的颜色变白了才给宝宝吃。其实这样的观点是完全错误的。

初乳量较少，颜色淡黄，主要是由于含有大量的β-胡萝卜素所致。初乳尽管量少，但其营养成分完全符合婴儿生长发育的需要，可增强新生儿的免疫力，提高新生儿抵御疾病的能力，可以使宝宝在出生后6个月内很少得病，还能帮助宝宝排出体内的胎粪，清洁肠道。

★ 新妈妈产后要增加营养

新妈妈产后身体较为虚弱，应该尽量增加营养，适当多吃些牛奶、虾、鸡肉、鱼肉、瘦肉等富含钙和蛋白质的食物，多吃蔬菜和水果。每天可以吃5餐，增加主食量，丰富食物种类，饭要做得稀软，以易于消化，不要吃辣椒等刺激性强的食物，也不要吃生冷食物。

哺喂课堂

★ 母乳喂养

这个月，新妈妈应按需哺乳，也就是宝宝饿了就喂。一般24小时内喂奶10～12次，每次不超过30分钟，每隔1.5～2小时喂1次。如果宝宝睡觉超过3小时，可将宝宝摇醒喂奶，以免导致宝宝低血糖。

★ 人工喂养

人工喂养的宝宝要按时喂奶。24小时内喂奶8～10次，每次喂奶量为50～80毫升，每天400～600毫升，喂奶间隔时间以3小时左右为宜。如果宝宝一次喝奶量大，可延长喂奶间隔时间，但不能超过4小时；如果宝宝一次喝奶量少，可缩短喂奶间隔时间，但不能短于2小时。

出生时体重小于1500克的低体重宝宝不宜母乳喂养。对他们来说，母乳中蛋白质成分不足，营养不够，宜选用适合低体重儿的配方奶粉。妈妈母乳不足或完全没有母乳的也要给宝宝喂配方奶。除此以外

的宝宝都可以母乳喂养。

低体重宝宝的喂奶量应从每天每千克体重60毫升开始，之后每天每千克体重增加20毫升，直至总量达到每天每千克体重200毫升。每天喂奶8～12次，每2～3小时喂1次，喂至宝宝体重达到或超过2500克且能够完全吃母乳为止。

★ 混合喂养

混合喂养宝宝时，应尽量多喂母乳，如果距离上次的喂奶时间不足30分钟，喂配方奶；如果距离上次喂奶时间超过30分钟，要先喂母乳，没有母乳再喂配方奶。母乳可1～3小时喂1次，配方奶最好3小时喂1次。喂完母乳再喂配方奶的间隔时间可短一些，30分钟即可，但喂完配方奶再喂母乳的间隔时间要尽量延长，至少2小时。另外，喂母乳可以不用喂宝宝喝水，但喂宝宝配方奶应在喂后1～2小时喂水，每喂配方奶100毫升喂水15毫升。

健康妈咪一日营养计划

时间	食物
7：00～8：00	馒头片、小米粥、鸡蛋、牛奶
11：00～12：00	蒸米饭、青菜炒肉、鸡汤、素炒莴笋
14：00～15：00	花卷、炖猪蹄、炒黄豆芽、紫菜鸡蛋汤
18：00～19：00	发面饼、豆浆、鸡肉炒青菜
22：00～23：00	鸡蛋面、牛奶、动物肝脏

聪明宝宝一日营养计划

月龄	喂奶次数	主要食物
第一周	8～12次/天	母乳或配方奶
第二周	8～10次/天	母乳或配方奶
第三、四周	7～8次/天	母乳或配方奶

新妈妈催乳食谱

妈妈烹调笔记

　　煮猪蹄时，按500克猪蹄加25克山楂的比例加入山楂，会使猪蹄更易熟烂。

黄豆猪蹄汤

催乳、美肤、防治贫血

材料 猪蹄300克，黄豆100克，香菇20克。

调料 姜片、料酒、盐、陈皮各适量。

做法

1. 黄豆淘洗干净，泡一夜；香菇泡发，洗净，去柄；猪蹄洗净切小块，放入锅中，注入适量清水，以大火烧开，略煮片刻以去除血水，捞出沥干。

2. 锅内注入适量清水，放入猪蹄块、黄豆、姜片、陈皮、料酒，大火煮开，再改小火煲约1.5小时，加入香菇煮至材料熟烂，加盐调味即可。

鸡丝豌豆汤

补中益气、增加乳汁量

材料 鸡胸脯肉200克，豌豆粒50克。

调料 高汤、盐、香油各适量。

做法

1. 鸡胸脯肉洗净，入蒸锅蒸熟，取出撕成丝，放入汤碗中。

2. 豌豆粒洗净，入沸水锅中焯熟，捞出沥干水分，放入汤碗里。

3. 锅置火上，倒入高汤煮开，加盐调味，浇入已放好鸡丝和豌豆的汤碗中，淋上香油即可。

妈妈烹调笔记

　　如果用带有咸味的熟鸡肉制作，应该适当减少盐的用量。

新妈妈催乳食谱

鲢鱼冬瓜汤

补气血、通经下乳

材料 鲢鱼头500克，冬瓜100克。

调料 葱段、姜片、盐、香油、植物油各适量。

做法

1. 鲢鱼头去鳃，洗净，从下颌部剖开，摊平；冬瓜去皮除子，洗净，切块。

2. 炒锅置火上，倒入植物油烧热，放入鲢鱼头，煎至两面金黄色盛出。

3. 将煎好的鲢鱼头和葱段、姜片一起放入砂锅内，加适量温水置火上大火烧沸，转小火煮至鲢鱼头九成熟，下入冬瓜块煮熟，加盐和香油调味即可。

妈妈烹调笔记

鲢鱼头煮汤前用油煎至两面金黄，不但可以去除腥味，而且还能使煮出的汤汤色乳白。

山药乌鸡汤

益气补血、滋补肝脏、健脾益肾

材料 乌鸡1只，山药100克。

调料 盐3克，香葱末、葱段、姜片、枸杞各适量。

做法

1. 山药去皮洗净，切片；乌鸡宰杀去内脏洗净，焯烫后捞出，冲洗干净；枸杞泡洗干净。

2. 煲锅内加适量清水煮沸，放入乌鸡、姜片、葱段、枸杞，大火煮沸后改小火煲约1小时，加山药煮20分钟，加盐调味，撒上香葱末即可。

妈妈烹调笔记

煮鸡汤一定要加足量的水，否则中途加水口味会大打折扣。

第2个月宝宝
同步喂养方案

宝宝的营养需求

从这个月开始，宝宝进入了一个快速生长期，对各种营养素的需求量迅速增加。这个月的宝宝每天所需的热量是每千克体重100～120千卡，如果每天摄取的热量超过120千卡，就有可能造成肥胖。

这个月的宝宝，可以完全靠母乳摄取所需的营养，不需要添加辅助食品。如果母乳不足可添加配方奶，不需要补充其他任何营养品。

在这个阶段，宝宝每天的喂奶量大致可按每千克体重100～125毫升计算，但每个宝宝的食量不同，活动量也不同，不能强求一致，可根据宝宝的进食特点和消化功能来调整喂奶量。

专家建议

★ 哺乳妈妈每天应该这样吃

主食	新鲜蔬菜、水果	蛋类	肉类	奶类	豆类及其制品
450～600克	500克（绿叶蔬菜不少于250克）	50～100克	100～150克	200～400克	100克

★ 宝宝拒绝吃奶应找医生查看

如果宝宝突然拒绝吃奶或者一喂奶就哭闹，可能是由身体不适引起的，爸爸妈妈应该注意观察，必要时可到医院找儿科医生查看。宝宝拒绝吃奶一般会有以下几种原因。

1.宝宝吃奶时哭闹，害怕吮奶。这可能是宝宝口腔内有创面，吮奶时由于碰触而引起疼痛。宝宝患鹅口疮时通常会这样，建议找医生对创面进行消炎处理。

2.宝宝吃奶时精神不振，出现厌吮。这可能是因为宝宝患了消化道疾病，应尽快去医院诊治。

3.宝宝吃奶时，吃一下就不吃了，用嘴呼吸。这可能是由鼻塞引起的，应为宝宝清除鼻内的异物，如果自己不能处理，尽快去医院找医生帮忙。

哺喂课堂

✦ 母乳喂养

按需哺乳仍是这个月宝宝的母乳喂养原则。24小时内喂奶9~11次，每次30分钟左右，和上个月相比，这个月的喂奶间隔时间可以适当延长，一般3小时左右喂1次，夜里喂奶的间隔时间可延长到3~4小时。

✦ 人工喂养

人工喂养的宝宝24小时内的喂奶次数以7~9次为宜，每次60~150毫升，喂奶的间隔时间为3小时左右，夜里喂奶的间隔时间可延长至6小时。如果喂奶时宝宝把奶瓶里的奶都喝光了，说明配奶量可能有些不足，下次应该多调配30毫升；如果宝宝吃饱了，奶瓶中还剩下50毫升左右的奶，下次就应该少调配30毫升。

✦ 混合喂养

尽量多喂母乳，如果距离上次的喂奶时间在1小时以下，喂配方奶；如果距离上次喂奶时间在1小时以上，要先喂母乳，没有母乳再喂配方奶。喂完母乳再喂配方奶的间隔时间可短一些，1小时即可，但喂完配方奶再喂母乳的间隔时间要尽量延长，至少3小时。

混合喂养不需要规定母乳和配方奶的具体喂奶次数，应尽量多喂母乳。如果哪天奶水充足，喂1次配方奶就可以了；如果哪天奶水少，可多喂几次配方奶。

一般的配方奶粉都含有足够的糖，因此不需要额外添加糖。

健康妈咪一日营养计划

时间	食物
7：00~8：00	馒头片、卤猪肝、蒸蛋羹、牛奶
11：00~12：00	鸡蛋面条、大骨头汤、炒油菜
14：00~15：00	蒸米饭、鲫鱼汤、清炖牛肉
18：00~19：00	花卷、豆浆、鹌鹑蛋、炒青菜
22：00~23：00	小米红糖粥、牛奶、水煮虾

聪明宝宝一日营养计划

母乳喂养的宝宝	人工喂养的宝宝	混合喂养的宝宝
宝宝有吃奶的欲望就喂奶，母乳喂养的宝宝不需添加辅助食品	每3个小时喂一次奶，每次喂60~150毫升 上午：6：00 9：00 12：00 下午：15：00 18：00 晚间：21：00 24：00 3：00 添加适量温开水，白天两次，喂奶中间喂食，每次约30毫升	如果距离上次的喂奶时间不足1小时，喂配方奶；如果距离上次喂奶时间超过1小时，要先喂母乳，没有母乳再喂配方奶。不需要规定母乳和配方奶的具体喂奶次数，应尽量多喂母乳

新妈妈催乳食谱

小米红糖粥

健脾胃、补气血、催乳

材料 小米、大米各50克。
调料 红糖适量。
做法
1. 小米、大米淘洗干净。
2. 锅置火上，倒入大米、小米和适量清水大火烧沸，转小火熬煮至米粒熟烂，加红糖搅匀即可。

妈妈烹调笔记

　　粥油是用小米或大米熬粥后浮在粥表面的物质，营养丰富，不可丢弃。

妈妈烹调笔记

　　巧去鲫鱼腥味：将鲫鱼剖开洗净后，在牛奶中泡一会儿，可以起到除腥的作用，并且能增加鱼的鲜味。

鲫鱼豆腐汤

补钙、益气养血、健脾

材料 鲫鱼1条，豆腐150克。
调料 香菜段、姜片、盐、水淀粉、香油、植物油各适量。
做法
1. 将豆腐洗净，切成5毫米厚的薄片，用盐水浸渍5分钟，沥干备用。
2. 鲫鱼宰杀，处理干净，在鱼身两面各划三刀，沥干水分。
3. 锅置火上，倒入植物油烧热，爆香姜片，放入鲫鱼，待鱼两面煎黄后加适量水，大火烧开后小火炖25分钟，再投入豆腐片，加盐调味，用水淀粉勾薄芡，撒上香菜段，淋香油即可。

新妈妈催乳食谱

腔骨菜心汤

补钙、催奶

材料　菜心200克，猪腔骨500克。

调料　盐、姜片各适量。

做法

1. 将猪腔骨斩成小块，洗净，过水，去掉血水；菜心择洗干净，切成段备用。

2. 锅置火上，然后加入清水（或高汤）、猪腔骨、姜片，煲1个小时，加入菜心煮沸，加盐调味即可。

　　菜心要最后放到锅中，因为煮的时间过长会破坏其中的维生素。

花生红枣鸡汤

补血、催奶、促进产后身体恢复

材料　净鸡1只，冬菇50克，花生米25克，红枣8枚。

调料　葱段、姜片、香油、胡椒粉、盐、老抽、白糖、淀粉、料酒、植物油各适量。

做法

1. 花生米洗净；冬菇浸软沥干水，洗净，加白糖、料酒、香油、淀粉拌匀；鸡洗净，沥干水，用老抽、盐腌渍10分钟。

2. 锅内倒植物油，烧热，爆香葱段、姜片，放入鸡、花生米、冬菇、红枣，加料酒、胡椒粉和适量清水，小火炖1小时，加盐调味即可。

妈妈烹调笔记

　　选取老抽来烹制，可以保证味道醇香，并且能使鸡肉呈现出诱人的黄色。

第3~4个月宝宝
同步喂养方案

宝宝的营养需求

第3~4个月的宝宝仍能从母乳中获得所需的营养。对奶的消化吸收能力强，对蛋白质、矿物质、脂肪、维生素等营养成分的需求可以从母乳或配方奶中获得。

热量	蛋白质	钙	铁	锌	碘
110千卡/千克体重	1.5~3克/千克体重	300毫克	0.3毫克	1.5毫克	1.5毫克
硒	维生素B$_1$	维生素B$_2$	维生素C	维生素E	维生素D
15毫克	0.2毫克	0.4毫克	40毫克	3毫克	400国际单位

专家建议

这两个月，哺乳的新妈妈可以不必再每天吃5餐了，可恢复到正常的3餐饮食，牛奶仍要坚持喝，每天宜喝500毫升左右。这两个月是宝宝脑发育的黄金时期，哺乳的妈妈要适当多吃些核桃、芝麻、小米、鱼肉等能补脑的食物。另外，还要适当多吃些虾皮、坚果、豆制品等富含钙的食物。

哺喂课堂

★ 母乳喂养

3个月的宝宝每天的喂奶次数在8~10次，喂奶的间隔时间在3小时左右，每次喂30分钟左右，夜里可以不叫醒宝宝喂奶。

4个月的宝宝每天喂奶7~9次，3小时左右喂奶1次，夜里可以不叫醒宝宝喂奶。

★ 人工喂养

人工喂养的3个月的宝宝吃奶量会存在个体差异，胃口好的宝宝每天的吃奶量可达1000毫升以上，胃口不好的宝宝每天的吃奶量不足700毫升。总的来说，24小时内应喂奶6~8次，每次80~120毫升，每天总的喂奶量达到800~1000毫升，喂奶间隔时间为3～4小时，夜里可以不叫醒宝宝喂奶。宝宝在这个月胃口会比以前好，喂水量可从原来的每次30毫升增加到每次40～50毫升。

人工喂养的4个月的宝宝每天喂奶6～7次，每次100～180毫升，3～4小时喂奶1次，夜里可以不叫醒宝宝喂奶。

★ 混合喂养

对于第3个月的宝宝，如果距离上次的喂奶时间在1个半小时以下，喂配方奶；如果距离上次喂奶时间在1个半小时以上，要喂母乳。喂完母乳再喂配方奶的间隔时间可短一些，1个半小时即可，但喂完配方奶再喂母乳的间隔时间要尽量延长，至少3个小时。如果宝宝发育良好，这个月的喂奶时间同上个月的差不多就可以，假如宝宝吃奶次数减少1～2次，妈妈们应减少配方奶，而不要减少母乳。

对于第4个月的宝宝，如果距离上次的喂奶时间在2小时以下，喂配方奶；如果距离上次喂奶时间在2小时以上，喂母乳。喂完母乳再喂配方奶的间隔时间可短一些，2小时即可，但喂完配方奶再喂母乳的间隔时间要尽量延长，至少3小时。

另外，宝宝食用的配方奶最好不要频繁更换牌子，否则容易引起宝宝消化系统功能紊乱。爸爸妈妈在为宝宝选择婴儿配方奶粉时，只要质量高、价格合理、适合宝宝年龄和身体生长发育就是最好的。

健康妈咪一日营养计划

时间	食物
7：00～8：00	馒头片、卤牛肉、鸡蛋、牛奶
11：30～12：00	蒸米饭、大棒骨小白菜粉丝汤、红烧鲤鱼、凉拌金针菇
18：00～19：00	小米粥、花卷、清炖仔鸡、油菜豆腐煲

聪明宝宝一日营养计划

	第3个月	第4个月
主食	母乳或配方奶	
喂奶量	每次80～120毫升	每次100～180毫升
喂奶次数	每天6～8次	每天6～7次
如果宝宝每天摄入的配方奶的量多于500毫升，就没有必要添加维生素D；每天保证给宝宝饮用适量白开水		

新妈妈催乳食谱

妈妈烹调笔记

　　选购木瓜时，要选黄中带绿的，不一定要全黄，但要表皮光滑，软硬适中。

银耳木瓜排骨汤

保护肝脏、美容养颜、通乳

材料 猪排骨250克，干银耳5克，木瓜100克。

调料 盐4克，葱段、姜片各适量。

做法

1. 银耳泡发，洗净，撕成小朵；木瓜去皮、子，切成滚刀块；排骨洗净，切段，焯水备用。

2. 汤锅加清水，放入排骨、葱段、姜片同煮，大火烧开后放入银耳，小火慢炖约1小时。

3. 把木瓜放入汤中，再炖15分钟，调入盐搅匀即可。

山药鱼头汤

祛风止痛、补脾养胃

材料 鳙鱼1000克，山药150克，豌豆苗、海带（鲜）各50克。

调料 植物油、盐、胡椒粉、姜片各适量。

做法

1. 将鳙鱼宰杀洗净，去鳃，只要鱼头；山药去皮，洗净切块；海带打结。

2. 锅内倒植物油烧热，下鱼头煎至两面微黄时取出。

3. 另起一锅放入清水和鱼头、山药块、海带结、姜片，大火煮开后转小火慢炖30分钟。

4. 放入豌豆苗煮2分钟，加盐、胡椒粉调味即可。

新妈妈催乳食谱

黑芝麻燕麦糊

补肝肾、预防贫血、润肠燥

材料 黑芝麻糊粉25克，燕麦片50克，枸杞10克。

调料 白糖适量。

做法

1. 将黑芝麻糊粉放入碗中，加入适量温水调匀成芝麻糊。

2. 芝麻糊中加入燕麦片，冲入适量的热水，最后加入枸杞、白糖调匀即可。

妈妈烹调笔记

　　燕麦片应选即食的，即食燕麦片用开水冲一下就能吃。

花生猪蹄浓汤

健胸丰乳、催奶

材料 猪蹄500克，花生50克，枸杞5克。

调料 盐5克，料酒15克，葱段、姜片各适量。

做法

1. 猪蹄洗净，用刀轻刮表皮，剁成小块，焯水备用；花生泡水半小时后捞出备用。

2. 汤锅加清水，放入猪蹄以及料酒、葱段、姜片大火煮开，小火炖1小时，放入花生再炖1小时，然后加枸杞再煮10分钟，调入盐即可。

妈妈烹调笔记

　　可以根据个人喜好来选择猪蹄，喜欢肉质多的可以选择前蹄，喜欢啃骨头则可以选择后蹄。

第5~6个月宝宝
同步喂养方案

宝宝的营养需求

第5个月的宝宝对营养的需求较第4个月没有太大的变化，每天需要的热量为每千克体重110千卡。第5个月的宝宝可适量添加辅食，让宝宝养成吃乳类以外食物的习惯，刺激宝宝味觉的发育。

从第6个月起，宝宝的身体需要更多的营养物质，母乳已逐渐不能完全满足宝宝生长的需要，添加辅食变得非常重要。

专家建议

★ 辅食添加时间

世界卫生组织建议满6个月的宝宝要添加辅食。但是如果妈妈母乳的质和量都不足的话，可适当提前添加辅食。家长可根据宝宝的生长发育情况以及母乳质量选择合适的添加辅食的时间。

★ 尊重宝宝的食量

要允许吃得少的宝宝保持自己的食量，妈妈不应该在意吃多吃少，而要注意监测宝宝的身高、体重、头围和各种能力的发育情况。实际上，真正由疾病引起的食量偏小并不多见，许多都是人为引起的。爸爸妈妈能否客观评价宝宝的食量是喂养的关键。

★ 配方奶不必再加糖

配方奶粉是以母乳为标准、对牛奶进行全面改造、使其最大限度地接近母乳的母乳替代品，符合宝宝的消化吸收和营养需求。因此，给宝宝喂配方奶就不必再加糖了。过多的糖进入宝宝体内，会使水分潴留，使肌肉和皮下脂肪组织松软无力，这样的宝宝看起来很胖，但身体抵抗力却很差。过多的糖储存在体内，还易诱发龋齿、动脉硬化等疾病。

✿ 添加辅食的原则

1.由一种到多种。宝宝习惯一种食物后，再添加另一种食物。每一种食物须适应一周左右，这样做的好处是，如果宝宝对食物过敏，能及时发现并确定引起过敏的是哪种食物。

2.由少到多。拿添加蛋黄来说，应从1/4个开始，密切观察宝宝的食欲及排便情况，如一周内无特殊变化，则可加到半个，继续观察一周，然后可加至整个蛋黄。宝宝8个月后才可以添加蛋清。

3.由稀到稠、由细到粗。从流质状的奶类逐步过渡到米糊，然后是稀粥、稠粥，再到软饭、一般食物；从细菜泥到粗菜泥，再到碎菜，然后到一般炒菜。

哺喂课堂

✿ 母乳喂养

第5个月的宝宝每天喂奶6～8次，3～4小时喂奶1次，每次哺乳20分钟；第6个月的宝宝每天喂奶5～6次，4小时喂奶1次，每次哺乳20分钟。已经上班的哺乳妈妈，可以把母乳挤出来冷冻带回家。

母乳储存时间表

储存的方法	足月宝宝	早产/患病宝宝
室温（25℃）	6小时	4小时
冰箱冷藏（0℃～4℃）	48小时	24小时
冰箱冷冻（-18℃）	3个月	3个月

✿ 人工喂养

第5个月的宝宝每天喂奶5～6次，每次150～200毫升，胃口好的每次180～200毫升，胃口不好的每次125～150毫升，4小时喂奶1次；第6个月的宝宝每天喂奶5～6次，4小时喂奶1次，每次200毫升左右，胃口好的宝宝每次喝奶量可达220～250毫升。

✿ 混合喂养

对于第5个月的宝宝，如果距离上次的喂奶时间在2个半小时以下，喂配方奶；如果距离上次喂奶时间在2个半小时以上，喂母乳。喂完母乳再喂配方奶的间隔时间可短一些，2个半小时即可，但喂完配方奶再喂母乳的间隔时间要尽量延长，应达4小时左右。

对于第6个月的宝宝，如果距离上次的喂奶时间在3小时以下，则喂配方奶；如果距离上次喂奶时间在3小时以上，则喂母乳。喂完母乳再喂配方奶的间隔时间可短一些，2个半小时即可，但喂完配方奶再喂母乳的间隔时间要尽量延长，应达4小时左右。

★ 辅食添加

在喂奶之前喂辅食

妈妈们应该在给宝宝喂奶之前喂辅食，因为在宝宝饿的时候喂辅食，宝宝比较能够接受，如果在宝宝吃完奶后喂辅食，宝宝很有可能拒绝辅食。所以，辅食应该在喂奶前添加，喂完辅食后再用母乳或配方奶把宝宝喂饱。这个阶段虽然开始添加辅食了，但也不能忽视母乳，因为此阶段处于添加辅食初期，辅食的摄入量非常少，大部分营养还是来于乳类。

添加辅食的最佳时机

给宝宝添加辅食的时间最早应从满4个月，也就是第5个月开始，即使母乳非常充足，满6个月也要开始添加辅食了。辅食添加过早容易造成妈妈泌乳减少，宝宝过敏、排便异常以及儿童期肥胖等问题；而辅食添加过晚易导致儿童偏食、挑食，甚至营养不良。第5~6个月为添加辅食的适应阶段，不要过于强求宝宝的进食量，应鼓励宝宝对食物产生兴趣，千万不要强迫宝宝，以免造成宝宝的心理负担。

避免调味过重的辅食

婴儿期的辅食正常情况下不需额外添加食盐或其他调味品。

另外，给宝宝添加辅食应该在宝宝身体健康、消化功能正常的时候进行，宝宝身体不舒服或天气较热时，应停止或暂缓添加，以免宝宝消化不了。

聪明宝宝一日营养计划

	第5个月	第6个月
主食	母乳或配方奶	
喂奶量	每次150~200毫升	每次200毫升左右
喂奶次数	每天5~6次	每天5~6次
添加辅食	婴儿营养米粉、果汁、菜汁等	蛋黄、果泥、菜泥、婴儿营养米粉等
辅食添加时间	上午、下午各一次，在喂奶之前喂，首次添加必须在上午	上午、下午各一次，在两次喂奶之间喂
辅食用量	由少到多，逐渐加量，每次不超过20克	一般30~50克

聪明宝宝营养食谱

大米糊

健脾养胃、帮助消化

材料 大米20克。

做法

1. 大米洗净，浸泡20分钟，沥干，用搅拌机将泡米磨碎。
2. 将磨碎的米和适量的水倒入锅中。
3. 大火煮开后，再调小火充分熬煮。
4. 用过滤网过滤，凉至温热后即可食用。

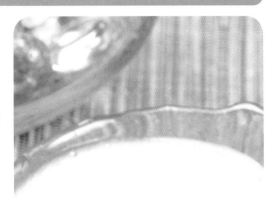

 妈妈烹调笔记

　　大米要用小火慢慢熬煮，使其完全熟透、软和，再给宝宝食用。

绿豆汤

清热解毒、解暑

材料 绿豆100克，冰糖适量。

做法

1. 绿豆洗净，浸泡3小时。
2. 锅中放适量水烧开，倒入绿豆，大火煮至汤汁基本干时，加入沸水，小火煮20分钟左右至绿豆开花。
3. 加入冰糖，再煮5分钟，过滤取汤汁即可。

 妈妈烹调笔记

　　绿豆汤可清热解暑，夏天可以多给宝宝喂食。

聪明宝宝营养食谱

苹果汁

缓解便秘、抗过敏

材料 苹果300克。

做法

1. 苹果洗净，去皮、核，切小块。
2. 将苹果块放入榨汁机中，加入适量饮用水，搅打均匀即可。

妈妈烹调笔记

苹果汁宜在准备给宝宝喂食时现切现榨，这样能更多地保留苹果中的营养。

油菜汁

消肿解毒、排出废物

材料 油菜150克，配方奶150毫升。

做法

1. 油菜洗净，去根，切成段。
2. 将油菜放入榨汁机中，榨汁备用。
3. 将榨好的油菜汁倒入杯中，加入配方奶调匀即可。

妈妈们一定要知道的事

出麻疹后期的宝宝要少喝这道油菜汁，以免出疹不透。

聪明宝宝营养食谱

米粉

滋养脾胃

材料　宝宝米粉25克，蔬菜汤适量。

做法

1. 在米粉中冲入80℃的开水，调匀成米粉糊。

2. 加入蔬菜汤，与米粉糊调匀即可。

　　也可以将少量米粉直接加入配方奶中给宝宝吃。

饼干粥

补脾、和胃、清肺

材料　大米15克，婴儿专用饼干2片。

做法

1. 大米淘洗干净，放入清水中浸泡1小时。

2. 锅置火上，放入大米和适量清水，大火煮沸，转小火熬煮成稀粥。

3. 将饼干捣碎，放入粥中稍煮片刻即可。

　　可以用配方奶来代替大米粥，在其中放入饼干拌成糊状。

第7~9个月宝宝
同步喂养方案

宝宝的营养需求

第7个月，宝宝的主要营养源还是母乳或配方奶，辅食只是补充部分营养素的不足，需要添加的辅食是以含蛋白质、维生素、矿物质、碳水化合物为主要营养素的食物，包括蛋、肉、蔬菜、水果、米粉、烂面条等。

第8个月的宝宝，质和量都在下降的母乳已不能完全满足他生长发育的需要，添加辅食显得很重要了。辅食方面，由于这个月大多数宝宝都在学习爬行，体力消耗会较大，应该给宝宝喂食更多富含碳水化合物、蛋白质和脂肪的食物。

第9个月的宝宝要注意面粉类食物的添加，此类食物中富含可以为宝宝提供每天活动与生长所需热量的碳水化合物。另外，富含蛋白质的食物也不能少，蛋白质可促进宝宝身体组织的生长。

专家建议

★ 辅食的摄入量因人而异

宝宝到了第7个月，开始每天有规律地吃辅食，每次的量应因人而异，食欲好的宝宝可稍微吃得多一点。因此，不用太依赖规定的量，应调节至每次80~120克，不宜喂过多或过少。在不能准确把握辅食量时，可以用原味酸奶杯来计量。一般来说，原味酸奶杯的容量为100克，因此要选80克的量时，取原味酸奶杯的2/3左右即可。

★ 饭菜肉类要分开

第7~9个月的宝宝可以把粮食和肉、蛋、蔬菜分开吃了，这样能让宝宝品尝出不同食物的味道，增加吃饭的乐趣，增强食欲，也能为宝宝以后专注吃饭打下基础。

哺喂课堂

★ 母乳喂养

第7个月的宝宝每天可喂母乳4~5次，喂2次辅食，辅食要在2次喂奶的间隔时间里添加。

第8个月的宝宝每天喂母乳的次数不能少于4次，辅食每天可喂2次。

第9个月的宝宝每天喂母乳4次左右，喂2~3次辅食。

★ 人工喂养

第7个月的宝宝，每天可喂奶3~4次，配方奶每天喂800毫升左右。每天可喂2次辅食，辅食在喂2次配方奶的间隔时间内添加。

第8个月的宝宝，每天喂配方奶的次

数不能少于3次，每次的喂奶量在200毫升以上。辅食每天可喂2次。

第9个月的宝宝，每天喂配方奶3次，喂奶量600~800毫升。全天可喂2~3次辅食。

★ 混合喂养

第7个月的宝宝，每天可喂2次辅食，辅食可在喂2次母乳的间隙添加，如果母乳比较少，可在喂母乳后2小时添加辅食，添加辅食后2小时再喂宝宝喝些配方奶。

第8个月的宝宝，每天喂奶的次数不少于3次，以母乳为主，每次喂配方奶的量在200毫升以上。每天可喂2次辅食。

第9个月的宝宝，全天可喂2~3次辅食，乳类以母乳为主，如果母乳不足，可以用配方奶补足。

★ 辅食添加

有些宝宝在添加辅食的过程中，经常会出现过敏症状，比如脸、前胸、后背出现红斑，有的还会腹泻。因此，妈妈们应该对以下几类容易让宝宝过敏的食物有所了解。

1. 高蛋白食物，如虾、蟹、鸡蛋白、豆浆等，其含有的异体蛋白很容易激发体内的过敏反应。

2. 辛辣调味类食物。这类食物容易刺激宝宝的食道和呼吸道，引发过敏。

3. 温度偏凉或性味偏凉的食物。这类食物容易刺激宝宝的喉咙、气管和胃肠，引起血管和肌肉的紧张和收缩，进而引发过敏反应。

4. 油腻食物。大鱼大肉等油腻食物容易影响宝宝肠胃的消化功能，消化功能失常同样会引起过敏反应。

5. 坚果类。有坚果过敏家族史的宝宝，吃坚果时更应该小心，3周岁内不宜吃坚果。

6. 某些水果也容易引起过敏，如芒果、菠萝、猕猴桃等。

聪明宝宝一日营养计划

上午	6：00	母乳或配方奶200~220毫升
	9：30	母乳或配方奶120毫升，鸡蛋羹20克，馒头20克
	10：30	果泥50克
	12：00	小馄饨50克
下午	15：00	母乳或配方奶120毫升，蛋糕20克
	18：30	肉末胡萝卜汤60克
晚上	21：00	母乳或配方奶200~220毫升
鱼肝油每天1次		

聪明宝宝营养食谱

红薯泥

宽肠胃、防便秘

材料　红薯30克。

做法

1. 红薯洗净，去皮。

2. 将红薯放入蒸锅中蒸熟，用汤匙压成泥即可。

妈妈们一定要知道的事

　　最好在午餐时给宝宝吃红薯泥，因为其中的钙质可以在晚餐前被全部吸收，不会影响晚餐时对其他食物中钙的吸收。

鸭肝肉泥

补肝、明目、预防缺铁性贫血

材料　鸭肝、瘦牛肉各25克。

做法

1. 鸭肝去筋膜，洗净，煮熟，碾成泥。

2. 瘦牛肉洗净，切末，放入耐热的碗中，送入蒸锅内蒸熟，取出，加鸭肝泥拌匀即可。

妈妈烹调笔记

　　鸭肝的烹调时间不能太短，应使肝完全变成灰褐色，看不到血丝才好。

聪明宝宝营养食谱

蔬菜面

补充维生素

材料　胡萝卜面条20克，菠菜30克。

做法

1. 将胡萝卜面条折成小段煮熟。
2. 将菠菜洗净，放入沸水中焯熟，切碎，倒入面条中拌匀即可。

妈妈们一定要知道的事

脾虚便溏的宝宝要少吃菠菜。

南瓜粥

提高免疫力、驱蛔虫

材料　南瓜100克，大米50克。

做法

1. 南瓜洗净，去皮，切丁；大米洗净，浸泡2小时。
2. 将南瓜丁和大米放入锅中，加适量清水，熬煮至南瓜和大米熟透、黏稠即可。

妈妈们一定要知道的事

给宝宝食用南瓜要适量，多吃会助长湿热。

第10～12个月宝宝
同步喂养方案

宝宝的营养需求

第10个月的宝宝，喂奶次数可较第9个月进一步减少，可以给宝宝进食更为丰富的食物，以利于其摄入各种营养素。添加辅食时，要补充充足的维生素C、蛋白质和矿物质。妈妈也要注意多给宝宝补充B族维生素。

第11个月是宝宝婴儿期的倒数第二个，是宝宝身体生长较为迅速的时期，需要更多的碳水化合物、蛋白质和脂肪。

第12个月的宝宝即将断母乳了，食物结构有较大的变化，这时食物营养应该更全面和充分，每天的膳食应含有碳水化合物、蛋白质、脂肪、维生素、矿物质等营养素，应避免食物种类单一，注意营养均衡。

专家建议

★ 不要拿罐头等加工类食品做辅食

妈妈们在制作辅食的时候，不要给宝宝添加罐头及肉干、肉松、香肠等加工类肉食，这些食物在制作过程中营养成分已流失许多，远没有新鲜食品营养价值高，并且在制作过程中还会加入防腐剂、色素等添加剂，这些物质会对宝宝的健康造成不利影响。由于宝宝的身体还没有发育完全，食用这些食物会增加肝脏的负担，不利于宝宝的身体健康。

★ 春、秋季是断奶的最佳季节

妈妈们给宝宝断奶，最好选择春、秋两季。因为夏天气温比较高，宝宝的肠胃消化能力较差，稍有不慎，就会引起消化道疾病；冬天天气太冷，宝宝因为断奶晚上睡眠不安，容易感冒生病。

另外，妈妈们在准备给宝宝断奶时，要给宝宝做一次全面的健康检查。只有当宝宝身体状况良好、消化能力正常时才可以考虑断奶。如果正巧赶上宝宝生病，就先不要断奶，否则会影响宝宝健康，可在宝宝病愈后再开始断奶。

哺喂课堂

✦ 母乳喂养

第10～11个月的宝宝，每天可喂4次母乳，每天喂2～3次辅食。

第12个月的宝宝每天可喂3次母乳，每天喂3次辅食。

✦ 人工喂养

第10个月的宝宝，每天可喂3次配方奶，全天总喂奶量在600～800毫升，每天喂2～3次辅食。

第11个月的宝宝，每天可喂3次配方奶，全天总喂奶量不少于600毫升，每天喂2～3次辅食。

第12个月的宝宝，每天可喂2～3次配方奶，全天奶量600毫升左右，每天喂3次辅食。

✦ 混合喂养

第10~11个月的宝宝，每天可喂奶3次，有母乳尽量喂母乳，不足部分可以用配方奶补足，每天喂2～3次辅食。

第12个月的宝宝，每天可喂奶2～3次，有母乳尽量喂母乳，不足部分可以用配方奶补足，每天喂3次辅食。

✦ 辅食添加

给宝宝添加辅食要注意种类丰富，这样才能保证宝宝摄入全面而均衡的营养。给宝宝制作的辅食一定要满足以下要求：

1. 辅食必须含有碳水化合物。富含碳水化合物的食材主要有米、面粉、土豆、红薯、山药等。

2. 辅食必须含有蛋白质。蛋类、肉类、鱼类、豆制品、乳制品都含有丰富的蛋白质。

3. 辅食必须含有维生素和矿物质。新鲜的蔬菜和水果中维生素和矿物质的含量丰富，另外，菌藻、坚果等的矿物质含量也比较丰富。

聪明宝宝一日营养计划

时间	食物类型	时间	食物类型
6：00	母乳或配方奶250毫升	15：00	果酱小面包1个，水果泥2大匙
8：00	鲜豆浆或粥1/2～1碗，咸蛋1/4个，馒头片2片	18：00	鸡汤煮小馄饨1碗，碎蔬菜2大匙
10：00	母乳或配方奶150毫升，饼干2块	21：00	母乳或配方奶200毫升
12：00	软饭1碗，红烧瘦肉末4小匙	每天喂1～2滴鱼肝油	

聪明宝宝营养食谱

玉米肉圆

改善缺铁性贫血

材料　猪肉馅150克，鸡蛋1个，玉米
面、淀粉各适量，盐少许。

做法

1. 在猪肉馅中放入鸡蛋、淀粉、盐调
匀，顺时针方向搅拌。

2. 将肉馅分成一个个的小丸子，每个丸
子裹上一层玉米面，码入盘内，入锅
中以中火蒸八分钟即可食用。

妈妈烹调笔记

　　给宝宝吃的肉馅最好自己剁，肉摊
上绞的肉馅容易渗入绞肉机中的润滑油。

水果蛋羹

健脑益智、促进造血机能

材料　鸡蛋1个，哈密瓜25克。

做法

1. 将哈密瓜去皮除子，洗净，放入搅拌
机中搅打成泥。

2. 将鸡蛋洗净，磕入碗中，打散，加适
量清水搅拌均匀，送入蒸锅，蒸锅
内的水开后蒸8分钟，取出，凉至温
热，放上哈密瓜泥即可。

妈妈们一定要知道的事

　　哈蜜瓜性凉，宝宝不宜吃得过多，
以免引起腹泻。

聪明宝宝营养食谱

鲜汤小饺子

促进宝宝生长发育、预防夜盲症

材料 小饺子皮10个，肉末30克，白菜
50克，鸡汤、盐各少许。

做法

1. 白菜洗净，切碎，与肉末和盐混合搅
   拌成饺子馅。

2. 取饺子皮托在手心，把饺子馅放在中
   间，捏成饺子。

3. 锅内加适量水和鸡汤，大火煮开，放
   入饺子，盖上盖煮开后，揭盖反复
   加3次凉水分别煮开即可。

鸡汤也可以用煮排骨猪棒骨的汤代
替。

胡萝卜小鱼粥

补钙、增强免疫力

材料 白粥30克，胡萝卜30克，小鱼干
1大匙。

做法

1. 胡萝卜洗净，去皮，切末；小鱼干泡
   水洗净，沥干。

2. 将胡萝卜、小鱼干分别煮软，捞出，
   沥干。

3. 锅中倒入白粥，加入小鱼干搅匀，最
   后加入胡萝卜末煮滚即可。

粥煮好后淋一些香油，能让宝宝更
好地吸收胡萝卜中的胡萝卜素。

1岁~1.5岁宝宝
同步喂养方案

宝宝的营养需求

1~1.5岁宝宝每日膳食需求总量参考表

食物种类	食物量	食物种类	食物量
主食	100~150克	豆制品	15~20克
油	10~15克	配方奶	300~500毫升
蔬菜	50~100克	水果	50~100克
鱼、肉、猪肝类	30~50克	鸡蛋	50克（1个）

专家建议

★ 忌给宝宝吃补品

有些爸爸妈妈认为给宝宝吃补品更有利于身体健康，吃人参糖、人参饼干，喝人参奶粉、人参可乐，有的还给宝宝吃冰糖燕窝。这些补品如果让老人或病人服用也许有益处，但让宝宝食用却是有害的。

因为人参可促进激素分泌，燕窝可促进性腺功能，宝宝食用后，可能发生性早熟。另外，补品中含有的激素或激素类物质会导致宝宝骨骼提前闭合，缩短骨骼生长期，导致身材矮小。所以，爸爸妈妈们一定要记住，5岁以内的宝宝不应吃补品！

★ 合理选择零食

给宝宝选择什么样的零食，给多少零食，应该根据宝宝的现状来决定。一日三餐都能好好吃，体重也超过标准的宝宝，尽量不要给零食了，而应该给一些应季的水果。那些只知道吃成品乳制食品，而不懂得咀嚼的宝宝，应该给予苹果片、梨片或者酥脆饼干吃。饭量小的宝宝，可以吃苏打饼干来补充营养。不喜欢吃鱼、肉的孩子，可以多吃含牛奶、鸡蛋的食物。

哺喂课堂

★ 不要让宝宝吃大人的食物

这时的宝宝开始长出臼齿，能正式咀嚼并吞咽食物，一天三餐都可以和爸爸妈妈一起上餐桌吃，有时宝宝会想吃大人的食物，但是不要给他，因为大人的食物对宝宝来说过于硬和咸。

总的来说，给宝宝做的饭应比较软，汤应该比较淡，菜应不油腻刺激。妈妈单独给宝宝做汤和菜会比较麻烦，可以在做大人的饭菜的时候，在调味前留出宝宝吃的量，单独调味，喂时捣碎再喂给宝宝。

另外，爸爸妈妈不要把自己咀嚼后的食物喂给宝宝吃，这样会把大人口中的细菌带入宝宝体内，容易引发各种疾病。

★ 不可缺少动物性食物

动物性食物是1岁以上宝宝不可缺少的食物。宝宝适当吃些动物性食物有利于生长发育。动物性食物含有宝宝所需的大量营养物质，就蛋白质而言，动物性食物的蛋白质中，含氨基酸的比例与人体的很接近，更易被人体吸收、利用。

另外，动物性食物在供给热量、促进脑发育、促进脂溶性维生素的吸收与利用方面功不可没。它含有的多种不饱和脂肪酸是宝宝体格和智力发育的"黄金物质"。

★ 适当控制肥胖宝宝的饮食

对于体重严重超标的宝宝，一定要适当控制饮食，妈妈们要知道以下的饮食要点：尽可能在家吃饭，因为外面的食物热量及脂肪含量较高，会加剧肥胖；如果宝宝喜欢吃零食，可将糖果、巧克力、点心等甜食换成酸奶、水果等低脂高膳食纤维的食物；少喝饮料，多喝白开水。此外，妈妈们还要注意，饮食要定时定量、口味清淡，减少含脂肪类食物的摄入量，还要让宝宝养成细嚼慢咽的好习惯。

聪明宝宝一日营养计划

时间	食物类型	时间	食物类型
7：00～7：30	蛋炒饭50克、肉末菠菜汤50克	15：30～16：00	苹果50克
9：00～10：00	配方奶150～180毫升	18：00～18：30	米饭40克，猪肝炒黄瓜50克，炖豆腐30克
12：00～12：30	花卷50克，豆腐小白菜汤40克，炒黄瓜片50克	20：30～21：00	配方奶200～250毫升

聪明宝宝营养食谱

双色饭团

增强食欲、促进肠道蠕动

材料 米饭100克，腌渍鲔鱼20克，菠菜30克，鸡蛋1个，海苔片2片。

调料 番茄酱适量。

做法

1. 制作茄汁饭团：腌渍鲔鱼压碎，和番茄酱一起拌入米饭中，做成圆形的饭团，再铺上海苔片即可。

2. 制作菠菜饭团：菠菜洗净，烫熟，挤干水分并切碎，鸡蛋煮10分钟至熟，取半个切碎；将菠菜碎、鸡蛋碎和米饭混合，做成圆形的饭团，再铺上海苔片即可。

小白菜丸子汤

利尿通便、清热解毒

材料 小白菜300克，猪肉馅100克。

调料 盐、鸡蛋清、鲜汤、香油各适量。

做法

1. 将小白菜择洗干净，切成段；猪肉馅加盐、鸡蛋清拌匀，用手挤成小丸子。

2. 汤锅置火上，加适量鲜汤煮沸，下小丸子煮熟，下入小白菜煮沸，加入盐、香油调味即可。

妈妈烹调笔记

　　小白菜上的残留农药较多，烹调前用淘米水浸泡10分钟，能有效去除残留农药。

聪明宝宝营养食谱

水果豆腐

补充维C、提高身体免疫力

材料　嫩豆腐30克，橘子瓣8个，草
　　　莓、番茄各15克。

做法

1. 豆腐倒入开水中煮熟，捞出。

2. 草莓洗净，去蒂，切碎；取橘子
　　瓣，切碎。

3. 将番茄洗净，去皮切碎。

4. 将豆腐、草莓、橘子、番茄倒入碗
　　中，拌匀即可。

妈妈们一定要知道的事

　　不要让宝宝一次吃太多的橘子，容
易上火，出现大便干燥等症状。

奶汁西蓝花

促进骨骼生长、增强抗病能力

材料　西蓝花50克，牛奶150毫升。

做法

1. 西蓝花择洗干净，掰成小朵，放入
　　沸水中焯1分钟，捞出，沥干水分，
　　捣碎。

2. 汤锅内加入牛奶和适量清水烧沸，
　　放入西蓝花搅拌均匀即可。

妈妈们一定要知道的事

　　吃西蓝花时要让宝宝细嚼慢咽，这
样更有利于营养的吸收。

1.5岁~2岁宝宝
同步喂养方案

宝宝的营养需求

1.5~2岁宝宝每日膳食需求总量参考表

食物种类	食物量	食物种类	食物量
主食	150~200克	豆制品	20克
油	10~15克	配方奶或牛奶	250~500毫升
蔬菜	50~100克	水果	50~100克
鱼、肉、猪肝类	50~75克	鸡蛋	50克（1个）

专家建议

★ 别忘了给宝宝补锌

这个阶段，妈妈们要注意给宝宝补锌了。锌是宝宝生长发育期很重要的一种微量元素。宝宝缺锌，将无法增生骨骼细胞，引起生长发育障碍，甚至引发某些疾病，因此应该尽早给宝宝添加富含锌元素的辅食。妈妈们在日常的饮食中要注意多给宝宝吃些含锌丰富的食物，比如牡蛎、牛奶、虾等。总的来说，动物性食物含锌量比植物性食物高。

★ 宝宝的辅食应粗细搭配

妈妈们在给宝宝添加辅食时，选用最多的是精白米、面等口感很好的食物。其实从营养上来说，粗粮的营养价值比精白米、面高。我们平时说的粗粮包括玉米、小米、紫米、黑米、燕麦、荞麦、高粱米、大麦、麦麸、红薯、山药、马铃薯以及各种豆类等。

细粮含有较多的氨基酸，相比粗粮更容易被身体消化和吸收，且口感好；粗粮中B族维生素的含量较高，并含有大量的膳食纤维，但口感有些粗糙。粗细粮搭配，不但可以淡化粗粮粗糙的口感，而且能使粗、细粮中的营养成分形成互补，更有助于宝宝对营养素的摄取。

　　妈妈们要注意，由于宝宝消化吸收功能较弱，不宜过多食用粗粮，可以按1份粗粮+4份（或更多）细粮的比例进行搭配。比如，一星期可以给宝宝吃2～3次粗粮。

哺喂课堂

★ 不宜给宝宝吃的危险食物

1. 不宜给宝宝吃带刺的鱼、带骨头的肉，以免鱼刺或骨头卡在宝宝的喉咙里。

2. 不宜给宝宝吃颗粒状的食物，比如花生米、瓜子、开心果、杏仁、核桃仁、糖球、黄豆、爆米花等，因为这些食物容易被宝宝吸入气管，给宝宝带来生命危险。

　　不宜给宝宝吃以上这些危险食物，而方便面、可乐、罐头等不健康食品更可怕，容易给宝宝带来致命的危险，爸爸妈妈们一定要注意了。

★ 宝宝吃多了怎么办

　　爸爸妈妈在给宝宝添加辅食时，不容易掌握其进食量，很容易造成宝宝吃多的现象。宝宝食用了过量的食物，容易造成肠胃不适，诱发肠套叠症状，会出现急性腹部疼痛。

　　若宝宝突然不爱吃饭，可带宝宝让医生检查一下是否有食物积滞现象，如果有，应在一两天内先不喂任何食物，让其自行消化，等到胃中的食物消化得差不多时，可以再喂一些牛奶或粥等易消化的食物。

★ 为偏食宝宝补充营养的方法

　　偏食的宝宝很可能是身体里缺少某一种营养素，比如缺了锌胃口就不好，妈妈们要注意多给宝宝吃些富含锌的食物。另外，还可以从改进不良的饮食习惯入手，比如把宝宝不喜欢的食物掺在喜欢的食物里，并且在宝宝进食的时候多表扬他不挑食等，宝宝听了表扬的话，就有信心改正偏食的毛病了。

聪明宝宝一日营养计划

时间	食物类型	时间	食物类型
7：30～8：00	小米粥100克，煮鸡蛋1个，黄瓜烧肉片1小盘	15：00～15：30	蛋糕50克，猕猴桃1个
10：00～10：30	酸奶100克，饼干30克	18：00～18：30	红豆饭60克，芹菜炒鸡肉100克
12：00～12：30	发面饼80克，韭菜炒牛肉丝100克，紫菜汤1小碗	21：00～21：30	牛奶或配方奶250毫升，饼干15克

聪明宝宝营养食谱

果酱松饼

养心健脾、增强记忆力

材料 低筋面粉50克，配方奶粉25克，鸡蛋1个，白糖5克，果酱5克。

调料 色拉油适量。

做法

1. 低筋面粉和配方奶粉一起过筛子，加入鸡蛋、白糖和适量的水，和成面糊。

2. 将色拉油倒入平底锅中烧热，分次倒入面糊，煎成金黄色，蘸果酱食用即可。

妈妈们一定要知道的事

制作松饼时应少加糖，果酱也不宜多，宝宝吃得太甜，会消耗身体内的钙。

菠菜肉羹

补铁生血、改善缺铁性贫血

材料 菠菜100克，瘦猪肉25克。

调料 鸡蛋清、水淀粉、盐、香油各适量。

做法

1. 菠菜择洗干净，焯水，切末；瘦猪肉洗净，剁成肉末，加鸡蛋清和水淀粉拌匀。

2. 锅置火上，倒入适量清水烧沸，放入肉末煮熟，下入菠菜末搅拌均匀，加适量盐调味，用水淀粉勾薄芡，淋上香油即可。

妈妈们一定要知道的事

圆叶菠菜的草酸含量较尖叶菠菜高，应尽量给宝宝食用尖叶菠菜，且食用前焯水。

聪明宝宝营养食谱

熘鱼片

滋补健胃、养肝补血

材料 净鱼肉片（无刺）250克，冬笋片100克。

调料 高汤300克，植物油、香油、盐、鸡蛋清、水淀粉各适量。

做法

1. 鱼肉片中加鸡蛋清、水淀粉上浆。
2. 取碗，放入高汤、盐、水淀粉、香油，兑成芡汁。
3. 炒锅置火上，倒入植物油烧热，将鱼片放入锅内滑散，捞出沥净油。
4. 锅内留底油烧热，放入冬笋片煸透，淋入芡汁烧至浓稠，下入鱼片，翻搅均匀即可。

鸡肉烧金针菇

预防感冒、健脑益智

材料 鸡胸肉50克，金针菇100克。

调料 盐、植物油各适量。

做法

1. 鸡胸肉洗净，剁成泥；金针菇去根，洗净，放入沸水中焯透，捞出沥干水分，切末。
2. 炒锅置火上烧热，倒入植物油，放入鸡肉泥炒熟，加金针菇末翻炒均匀，加盐调味即可。

妈妈们一定要知道的事

鸡肉性温，助火，大便干燥或发烧的宝宝最好不要吃鸡肉。

2～3岁宝宝
同步喂养方案

宝宝的营养需求

2～3岁宝宝每日膳食需求总量参考表

食物种类	食物量	食物种类	食物量
主食	150～200克	豆制品	25～30克
油	10～15克	配方奶或牛奶	250～400毫升
蔬菜	150～200克	水果	50～100克
鱼、肉、猪肝类	85～105克	鸡蛋	50克（1个）

专家建议

★ 少给宝宝吃反季节蔬果

爸爸妈妈们尽量不要给宝宝吃反季节的水果、蔬菜。这些蔬果看着超级诱人，但是对宝宝的身体健康非常不利。

如今反季节蔬果随处可见，行内人一语道破玄机：这大多是用了催熟剂或激素类化学药剂的，一株果树从幼苗至成熟，可以使用一至十几种激素，使用较多的是番茄、葡萄、猕猴桃和草莓等。而养殖业使用激素催生饲料，也是行业内的"潜规则"。

要想让宝宝完全远离激素不太可能，这就需要爸爸妈妈们尽量少买反季节蔬果。蔬果食用前最好先用清水浸泡5分钟，然后用水冲洗，可去掉大部分农药。叶菜类的菜梗与茎相接处、果蒂、卷心菜外面几层，都容易积农药，买回来后应去除。

★ 不给宝宝用彩色的餐具

爸爸妈妈最好给宝宝选用浅色或无色的餐具，即使有花纹或图案，也应在餐具的外层或边缘。因为彩色餐具绘制图案时所用颜料的主要原料是彩釉，而彩釉中含有大量的铅，酸性食物可以把彩釉中的铅溶解出来，与食物同时进入宝宝体内。如果宝宝体内含铅量过高，会影响宝宝的智力发育。

另外，给宝宝选购的餐具要注意宝宝的特点，小巧别致，实用方便，设计应人性化，多圆形，防刮伤。同时，尽量不要选购塑料餐具，因为塑料餐具盛装热食时会渗出有毒物质。

哺喂课堂

✿ 合理安排吃零食的时间

妈妈们可以在两餐之间让宝宝吃些零食，上午九十点钟和下午三四点钟，离吃完正餐已有2个多小时的时候比较适宜。由于儿童代谢较成人快，这个时间段里，他们可能会出现轻微的饥饿感。如果能够让他们适量地吃些零食，不但能防止饥饿，而且还能为宝宝增加营养，也不会出现正餐时没有胃口的情况。

给宝宝吃的零食要选择有营养的，比如牛奶、酸奶、水果、蛋糕等，各种薯片、话梅干、果冻等食品营养价值较低，不宜当作宝宝经常吃的零食。

如果宝宝正餐总是吃得不好，可以考虑不要给他吃零食。在饭后给宝宝吃些开胃小零食，如山楂糕、果丹皮、杏肉等，这些零食可以促进宝宝消化，让其在正餐时保持好胃口。

✿ 鱼刺卡在喉咙里的正确处理方法

宝宝吃鱼的时候如果不小心被鱼刺卡到喉咙，爸爸妈妈应让宝宝尽量张大嘴巴，然后找来手电筒照着，观察鱼刺的大小及卡在宝宝喉咙的位置。如果能够看到鱼刺且所处位置较容易够到，爸爸妈妈中要有一个人固定宝宝的头部并用手电筒照明，另一个人拿用酒精棉球擦拭过的小镊子把鱼刺夹出来。

如果看不到宝宝喉咙中有鱼刺，但宝宝出现吞咽困难并疼痛，或是能看到鱼刺，但位置较深夹不出来，一定要尽快带宝宝去医院请医生帮忙处理。

鱼刺夹出后的2～3天内要注意观察，如宝宝还有咽喉痛或进食不正常等表现，一定要带宝宝到正规医院的耳鼻喉科做检查，看是否有残留的鱼刺没有取出来。

聪明宝宝一日营养计划

时间	食物类型
7：30～8：00	玉米面发糕80克，牛奶或配方奶150毫升，香菇油菜1小盘
11：30～12：00	软米饭60克，大白菜排骨汤100克
15：00～15：30	面包片2片，橘子1个
18：00～18：30	茴香肉末包子100克，小米粥1小碗
21：00～21：30	牛奶或配方奶250毫升

聪明宝宝营养食谱

玲珑牛奶馒头

补充能量、保护肠胃

材料 面粉40克，发粉少许，牛奶20克。

做法

1. 将面粉、发粉、牛奶和在一起，饧15分钟。
2. 将面团切成4份，揉成4个小馒头，上锅蒸15~20分钟即可。

妈妈烹调笔记

　　用牛奶代替水来和面，其中的蛋白质会加强面团的劲力，做出来的馒头会更有弹性，补钙的效果也更佳。

白灼虾

开胃、促进骨骼生长

材料 鲜虾500克。

调料 葱段、姜片、盐各适量。

做法

1. 鲜虾剪须、腿，洗净备用。
2. 锅中倒入适量清水，放入所有调料煮开，放入虾煮熟，捞出，凉凉。
3. 剩下的汤去掉葱段、姜片，冷却后将虾倒回原汤浸泡入味，食用时，将虾摆盘，淋上少许原汤即可。

妈妈烹调笔记

　　新鲜的虾呈深青色，颜色光亮而不灰暗，色发红、身软、掉腿的虾不新鲜，尽量不吃。

聪明宝宝营养食谱

鲜果沙拉

润肠通便、增强免疫力

材料 樱桃5颗，猕猴桃、香蕉各半个，酸奶100克。

做法

1. 将樱桃放入淡盐水中浸泡5～10分钟，洗净，去核，切丁；猕猴桃洗净，去皮，切丁；香蕉去皮，切丁。
2. 取碗，放入樱桃丁、猕猴桃丁、香蕉丁，淋入酸奶拌匀即可。

妈妈们一定要知道的事

樱桃属于大热食物，宝宝吃太多容易上火，一般一次吃5～6个比较合适。

清煮嫩豆腐

帮助消化、增进食欲

材料 豆腐150克。

调料 盐、葱花、香油、水淀粉各适量。

做法

1. 豆腐洗净，切小方丁，浸泡半小时，捞出沥水。
2. 锅置火上，加清水和豆腐丁，大火烧沸后转小火煮熟，加盐、葱花和香油调味，用水淀粉勾芡。

妈妈们一定要知道的事

宝宝吃豆腐后如果出现腹胀、恶心等不适感，可给宝宝吃些菠萝缓解。

PART 2

聪明宝宝的健康辅食
与母乳同样重要

制作辅食所需的厨具

给宝宝制作辅食的厨具虽然可以使用平时家人用的器具，但还是建议特别为宝宝准备专用的厨具为好，因为在使用上比较方便，还会为妈妈们节省很多宝贵的时间。

★ 计量杯

在测量汤水时使用，一般为200毫升，也有250毫升的。

★ 计量勺匙

方便测量少量食材时使用，一般4个为一组，大匙为15毫升，1/2大匙为7.5毫升，1小匙为5毫升。

★ 宝宝专用匙

选婴幼儿专用匙，不锈钢和塑料材质的都可以，要求匙入口部分短、圆且光滑，这样的比较安全。

★ 擦碎器

用来将蔬菜或水果擦成细丝、薄片或泥糊状。

★ 打蛋器

用来将鸡蛋液打散和制作辅食时进行混合稀释搅拌。

★ 过滤筛

在榨汁和滤清汤水时使用。

★ 研钵和研棒

用来捣碎食物。

★ 婴幼儿专用餐具

用来盛放辅食和喂食的餐具。

★ 围嘴

进餐时围在宝宝下颌处的纯棉制品，可防止宝宝掉食或呕吐而弄脏衣服。

★ 搅拌机

用来把食物搅碎，也可用于榨蔬果汁。

辅食食材冷冻储存要点

★ 要点1：冷冻时间不要超过1个星期

冰箱不是保险箱，其中冷冻的食物，也不是永远都能完全保持口感和营养价值。总体来说，冷冻保存的食品冷冻时间越长，口感和营养价值就越差。给宝宝做辅食的食品冷冻保存不要超过一个星期。

★ 要点2：让食物急速冷冻

食物急速冷冻可最大限度地保存食物的口味和营养，这就要求食物的体积不能过大，比如肉类，可以切成片或剁成肉末，分装成每次的用量，食物体积小了就可以实现急速冷冻。食物解冻时要放在15℃以下的空气中自然解冻，才不会改变食物的口味和损失营养，最好的解冻方法是放到冰箱的冷藏室内解冻。

★ 要点3：贴上食物名称和冷冻日期

送进冰箱冷冻的食物很容易变干，可将食物放在保鲜盒或保鲜袋中存放，并在上面贴上食物名称和冷冻日期，这样妈妈们便不会忘记食物的冷冻时间，可在食物最新鲜的时候做给宝宝吃。

自己动手制作天然调味料

给宝宝制作辅食时不放味精或鸡精，总觉得少了点儿鲜味儿，但放了味精又不健康。可以将晾至干硬的食材磨成粉，加入辅食中当作味精来调味，不但能使辅食的味道更好，而且能为宝宝补充营养。

★ 香菇粉

取500克鲜香菇去蒂，洗净，在阳光下晒至干透，放入搅拌机的干磨杯中磨成粉，放入密封瓶中保存即可。

★ 海苔粉

取100克海苔片用剪刀剪成小块儿，放入搅拌机的干磨杯中磨成粉，放入密封瓶中保存即可。

★ 虾粉

虾皮用水浸泡，去咸味，捞出后把水挤干，放入炒锅中小火翻炒至虾皮完全失水、颜色微黄，放入搅拌机的干磨杯中磨成粉，放入密封瓶中保存即可。

★ 小鱼粉

取新鲜小银鱼去掉内脏，冲洗干净，沥干水分，在阳光下晒至干透或用微波炉进行干燥，放入搅拌机的干磨杯中磨成粉，放入密封瓶中保存即可。

★ 花生粉

取300克市场上出售的炒熟的带壳花生，去壳后取花生仁放入搅拌机的干磨杯中磨成粉，放入密封瓶中保存即可。

做好的调料粉要放在干燥的环境内保存，千万不要进水或受潮，否则会成团，没法食用。

第5个月
添加流质型辅食

辅食种类

婴儿营养米粉是宝宝最好的起始辅食，其中已经强化了钙、铁、锌等多种营养素。宝宝食用后可以获得比较均衡的营养，而且肠胃负担也不会过重。米粉最好在白天喂奶前添加，上午和下午各一次，每次用奶粉罐内的小勺舀取两勺干粉，用温水和成糊状喂给宝宝食用。每次喂完米粉后，立即用母乳或配方奶将宝宝喂饱。

辅食添加要点

开始时间	出生第5个月开始
宝宝的饮食习惯	让宝宝做好接受新食物和勺子的准备
优选食物	谷物：婴儿营养米粉， 蔬菜：红薯、南瓜
制作要点	最初只选用一种食物，逐渐搭配多种食物
每次喂食量	10克（2小勺）左右

辅食烹饪要点

开始时只选用一种食物，做成稀糊状，不宜将多种食物掺杂在一起喂给宝宝，在宝宝满5个月后才可以逐渐搭配多种食物。

如果给宝宝喂食稀粥一段时间后宝宝没有异常反应，就可以喂些菜汁、果汁和果泥了。各种新鲜的蔬菜大多可以制成菜汁，妈妈们可以选择油菜、胡萝卜、土豆、南瓜等蔬菜。比较常见的水果泥有苹果泥和香蕉泥。其实煮熟的果泥比生果汁更适合宝宝，因为即使妈妈们在做辅食的时候把水果洗干净了，但是在削水果皮或榨汁的过程中还是很容易沾染细菌。因此在做果泥时最好先将去皮的水果放入开水中煮熟，再碾成果泥，香蕉除外。

辅食添加疑问解答

☆ 制作辅食必须用开水吗

必须用开水，这样可以预防食物中毒和细菌感染。另外，用开水给宝宝煮稀粥，可以缩短煮粥时间，防止米中的维生素因长时间高温加热而受到破坏。此外，如果妈妈用自来水给宝宝煮稀粥，自来水中的氯会大量破坏米中的维生素B_1及其他B族维生素。

☆ 怎样让宝宝很快地适应勺子喂食

妈妈可以先给宝宝看看勺子，让宝宝先知道勺子是什么样的，最好选择颜色或造型可以吸引宝宝注意的。当宝宝熟悉了勺子后，在吃东西的时候自然就不会排斥勺子了。

最开始使用勺子的时候，可以先用勺子给宝宝喂一些奶，再喂些辅食，这样交替的条件反射可以让宝宝更容易接受勺子。

妈妈用勺子给宝宝喂食时，可以先将盛有少量辅食的勺子轻轻地压着宝宝的舌头，待宝宝将食物吃到嘴里，妈妈再将勺子拿走。

让宝宝接受勺子喂食不是一件容易的事，妈妈们要多些耐心，慢慢地宝宝就会习惯勺子了。

☆ 菜汁和果汁可以一次做出一天的量吗

给宝宝喝的菜汁或果汁最好现做现喝，妈妈们一次别做出很多，因为蔬菜和水果富含维生素C等营养成分。做好的菜汁和果汁如果不马上饮用，放置时间越长，其中的营养成分损失越多。妈妈们一定要记住：隔天的菜汁和果汁一定不能再喂给宝宝了，因为不但几乎没有营养，也不新鲜了，还可能导致宝宝拉肚子！

☆ 应该先喂菜汁还是果汁

给宝宝先喂菜汁或先喂果汁都可以，但妈妈们一定要注意，喂给宝宝的果汁一定不能太甜，不然会使宝宝对甜味产生依赖，而拒绝喝菜汁。如果是比较甜的果汁，妈妈们一定要先在果汁中加些温开水，冲淡甜味后再喂给宝宝。

流质型辅食推荐

大米汤

养胃、明目、和五脏、止泻

材料 精选大米100克。

做法

1. 大米淘洗干净,加水大火煮开,转小火慢慢熬成粥。

2. 粥好后,放置几分钟,用勺子舀出上面不含饭粒的米汤,凉至温热即可喂食。

⭐ 妈妈烹调笔记

　　大米煮制前不宜用水浸泡,淘米次数尽量少,这样煮出的大米汤能较好地保存大米中的营养。

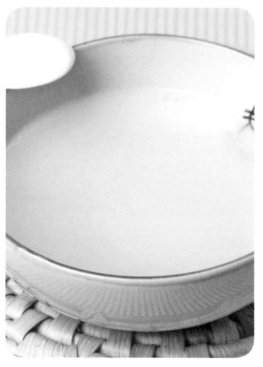

挂面汤

增强免疫力、平衡营养

材料 鸡蛋挂面1份。

做法

挂面在开水中煮约15分钟,舀汤凉温后喂食。

⭐ 妈妈烹调笔记

　　用慢火煮挂面,煮出的挂面汤汤清,口感好。

流质型辅食推荐

玉米汁

增强记忆力、预防宝宝便秘

材料 甜玉米2根（净重约250克）。

做法

1. 甜玉米剥皮去须，洗净，放入锅中加适量清水煮熟，凉凉。

2. 把玉米粒掰下，将玉米粒放入榨汁机中，加适量饮用水搅打，打好后倒出即可喂食。

妈妈们一定要知道的事

煮好的玉米最好马上取出沥干水分，不要长时间浸泡在煮玉米的水中，否则玉米的香味就不浓郁了。

南瓜汁

驱虫解毒、健胃助消化

材料 南瓜100克。

做法

1. 南瓜去皮、瓤，切成小丁，蒸熟，然后将蒸熟的南瓜用勺压烂成泥。

2. 在南瓜泥中加入适量开水稀释调匀后，放在干净的细漏勺上过滤一下，取汁喂食即可。

妈妈们一定要知道的事

南瓜去皮越薄越好，因为距离南瓜皮越近的部分，营养越丰富。

流质型辅食推荐

小白菜汁

有助于荨麻疹的消退

材料 小白菜250克。

做法

1. 小白菜洗净，切段，放入沸水中焯烫至九成熟。
2. 将小白菜放入榨汁机中加饮用水榨汁，过滤后即可喂食。

妈妈们一定要知道的事

小白菜中含有多种营养素，不会引起过敏反应。1岁之前的宝宝可以多多食用。

西瓜汁

清热解毒、利尿消肿

材料 西瓜250克，柠檬汁各适量。

做法

1. 西瓜去皮、子，切成小块。
2. 将西瓜块放入榨汁机中搅打成汁，打好后倒出，调入柠檬汁即可。

妈妈们一定要知道的事

大便稀溏的宝宝最好少喝西瓜汁。

流质型辅食推荐

玉米面粥

健胃宽肠、利尿止淋

材料　玉米面50克。

做法

1. 将玉米面放碗中，加入温水搅打成糊待用。
2. 锅中放水煮沸，加入玉米面糊，煮至黏稠即可。

妈妈们一定要知道的事

　　给宝宝喂食玉米面粥时，宜同时给宝宝吃些豆腐泥，有助于全面吸收玉米中的营养。

南瓜米糊

增强食欲、预防口腔溃疡

材料　大米、糯米各20克，南瓜20克。

做法

1. 大米、糯米淘洗干净，用清水浸泡2小时；南瓜洗净，去皮，除子，切成粒。
2. 将大米、糯米和南瓜粒倒入全自动豆浆机中，加水至上、下水位线之间，煮至豆浆机提示米糊做好即可。

妈妈烹调笔记

　　宜选老一些的南瓜，老南瓜口感又面又甜，做出的米糊会更香甜。

第6个月
添加吞咽型辅食

辅食种类

对于添加辅食初期的宝宝来说，米粥是最理想的食物。米粥的具体做法是：将淘洗好的大米倒入小锅中，加入10倍于米的水，用中火煮沸后转小火煮40分钟左右，然后将煮好的粥放进搅拌机中把米粒打碎，或把米粒捞出来用磨臼捣烂，使粥中不要有颗粒状的米粒，尽量做成稀糊状。随着宝宝逐渐长大，煮粥的加水量要逐渐减少到7倍粥、5倍粥，喂食1～2周后，如果宝宝没有出现过敏症状，就可以在米粥中加蔬菜了。

辅食添加要点

开始时间	出生第6个月开始
宝宝的饮食习惯	会模仿爸爸妈妈吃东西时的嘴形
优选食物	谷物：大米，水果：香蕉、苹果、西瓜， 蔬菜：南瓜、红薯、豌豆、扁豆、西蓝花、菜花、油菜、圆白菜、蘑菇、胡萝卜
制作要点	要将稀粥煮得像酸奶、浆糊一样的流质食物 如果宝宝常把喂进的食物吐出来，妈妈就要更换食材或对食物进行细加工
每次喂食量	喂米粥从1小勺（5克）开始，宝宝满6个月时达到50克；喂蔬菜粥从1小勺开始，宝宝满6个月时达到4小勺

辅食烹饪要点

★ 不需要调味

添加辅食早期应保持食材原有的味道，不需要添加调味料。只有在宝宝确实不喜欢辅食味道的时候，妈妈们才可以用添加配方奶粉或果汁的方法来引起宝宝的兴趣。

★ 用一种食材连续做3～4天

为了详细观察宝宝对各种食材吃后的反应，妈妈们要一种食材连续做3～4天，然后再换另一种食材。每隔1～2周，妈妈们要在食谱中添加一种蔬菜，要使出生6个月的宝宝能吃到3～4种蔬菜。

辅食添加疑问解答

★ 宝宝不吃煮鸡蛋黄怎么办

妈妈们可以先把鸡蛋黄放入小碗中压碎，用米汤把蛋黄搅拌成糊状，喂时先喂两口米汤，再喂一口蛋黄；或者把鸡蛋黄放在米粉里搅拌均匀，和米粉一起喂给宝宝吃。

★ 鱼刺太多不好处理怎么办

妈妈们在对鱼进行处理时，要先将鱼头和鱼尾去掉，再将鱼皮和鱼骨去掉，只留下鱼肉。把鱼肉蒸熟后，用纱布将鱼肉包裹紧，用小勺一点点地刮下从纱布缝隙中挤出的鱼肉，这时即使还有鱼刺，透过纱布也能很容易地发现。

★ 宝宝的辅食越碎越好吗

细、碎、软、烂——这是多数爸爸妈妈在给宝宝添加辅食时要遵循的准则，因为在他们看来，只有这样才能保证宝宝不被卡到，吸收更好。可事实上，宝宝的辅食不宜过分精细，且要随月龄的增长而变化，以促进他们咀嚼能力和颌面部的发育。

4～7个月的宝宝，辅食以糊状、泥状和半固体状为最佳。6个月后可适当增加一些颗粒状食物。

8～12个月的宝宝进入牙齿生长期，这时候可喂一些烂面条、肉末蔬菜粥、烤面包片等，并逐渐增加食物的体积，由细变粗，由小变大，而不是一味地将食物剁碎、研磨。

宝宝1岁以后，软饭、饺子、馄饨、细加工的蔬菜和肉类都可以帮助他巩固咀嚼功能的发育。宝宝可以用牙齿将粗、硬的食物咬磨细碎。

宝宝2岁以后，牙齿发育已经成形，食物的软硬、粗细程度基本上可以和成人一致了，但要避免调味过重。

★ 可以用微波炉加热宝宝的辅食吗

可以用微波炉加热宝宝的辅食。与常用的烹调方法比起来，微波炉加热能更好地保存食物中的营养，比如，维生素C的损耗率比一般加热法低，维生素B_2、维生素B_{12}等水溶性维生素保持得更好！

吞咽型辅食推荐

蛋黄泥

促进神经系统发育

材料 生鸡蛋1个。

做法

1. 将鸡蛋放入锅中煮熟。

2. 剥开鸡蛋，取蛋黄，再加适量温开水调匀成泥状即可。

妈妈们一定要知道的事

煮鸡蛋时要把握好时间，以免蛋黄表面发灰。嫩蛋黄最易于宝宝消化吸收。

香蕉粥

润肠通便、驱散宝宝烦躁情绪

材料 香蕉1/4个，大米20克。

做法

1. 大米淘洗干净，取香蕉肉碾成泥状。

2. 小奶锅置火上，放入大米和10倍于米的水，用中火煮沸后转小火煮40分钟左右，离火，凉至温热后倒入搅拌机中把米粒打碎，然后在米粥中加入香蕉泥搅拌均匀即可。

妈妈们一定要知道的事

便溏腹泻的宝宝不宜多吃、生吃香蕉。

吞咽型辅食推荐

菜花米糊

提高宝宝免疫力

材料 大米20克,菜花30克。

做法

1. 将大米洗净,浸泡20分钟,放入搅拌机中磨碎。
2. 将菜花放入沸水中烫一下,去掉茎部,将花冠部分用刀切碎。
3. 将磨碎的米和适量水倒入锅中,大火煮开,放入菜花,转小火煮开。
4. 用过滤网过滤,取汤糊喂食即可。

妈妈烹调笔记

菜花烹调前放在盐水中浸泡几分钟,可以清除菜虫和残留的农药。

圆白菜米糊

促进消化、预防便秘

材料 大米20克,圆白菜10克。

做法

1. 将大米洗净,浸泡20分钟,放入搅拌机中磨碎。
2. 将圆白菜洗净,放入沸水中充分煮熟,用刀切碎。
3. 将磨碎的大米倒入锅中,大火煮开,放入圆白菜,调小火煮开。
4. 用勺子捣碎成糊即可喂食。

妈妈们一定要知道的事

圆白菜膳食纤维含量多,且质地硬,脾虚和腹泻的宝宝不宜多吃。

吞咽型辅食推荐

玉米米糊

清热解毒、健脾胃、补血养肝

材料　大米40克，鲜玉米粒30克，绿豆
　　　　20克，红枣5枚。

做法

1. 绿豆淘洗干净，用清水浸泡4～6小
　　时；大米淘洗干净；红枣洗净，去
　　核，切碎；鲜玉米粒洗净。

2. 将大米、绿豆、鲜玉米粒和红枣碎倒
　　入全自动豆浆机中，加水至上、下水
　　位线之间，煮至豆浆机提示米糊做好
　　即可。

妈妈们一定要知道的事

　　绿豆性凉，最好不要给怕冷的宝宝
吃绿豆，以免体质更加寒凉。

土豆米糊

润肠通便、改善消化不良

材料　大米20克，土豆10克。

做法

1. 大米洗净，浸泡20分钟，放入搅拌机
　　中磨碎。

2. 带皮土豆充分蒸熟，然后去皮捣碎。

3. 把磨碎的大米和适量水倒入锅中，大
　　火煮开后，放入土豆碎，转小火煮
　　烂。

4. 用过滤网过滤，取汤糊即可。

妈妈们一定要知道的事

　　土豆去皮不宜厚，越薄越好，因为
土豆皮中含有较丰富的营养物质。

吞咽型辅食推荐

花生米糊

健脑、润肺化痰、悦脾和胃

材料　大米60克，熟花生仁20克。

做法

1. 大米淘洗干净，用清水浸泡2小时。
2. 将大米和熟花生仁倒入全自动豆浆机中，加水至上、下水位线之间，煮至豆浆机提示米糊做好即可。

妈妈烹调笔记

　　用炒熟的花生仁来做这道米糊，味道会更香浓。

糯米糊

健脾养胃、止虚汗

材料　大米30克，糯米60克。

做法

1. 大米、糯米淘洗干净，用清水浸泡2小时。
2. 将大米、糯米倒入全自动豆浆机中，加水至上、下水位线之间，煮至豆浆机提示米糊做好即可。

妈妈们一定要知道的事

　　患有呼吸道疾病的宝宝应尽量避免吃糯米食物，以防加重病情。

第7～9个月
添加蠕嚼型辅食

辅食种类

从添加辅食中期开始，妈妈们要让宝宝尝试不同的食物味道，宝宝的食谱应丰富多样，要注意合理搭配谷物、蔬菜、肉类、海鲜等食物，最重要的是，这样能让宝宝均衡地摄取营养。这个阶段，妈妈们要适量多给宝宝添加些鸡肉、瘦牛肉、鱼肉等有利于大脑发育的食物。总之，在食谱丰富多样的同时，妈妈们要密切关注宝宝的反应，一旦出现过敏症状，要马上更换食谱。

辅食添加要点

开始时间	出生第7个月开始
宝宝的饮食习惯	开始闹着要自己拿勺子吃饭
优选食物	谷物：玉米、馒头片、面条，水果：香蕉、苹果、白梨，蔬菜：南瓜、土豆、菠菜、胡萝卜、西蓝花、洋葱，肉类：瘦牛肉、鸡胸肉，海鲜：鳕鱼肉、虾，其他：蛋黄、豆腐、海带末
制作要点	宝宝的食谱应丰富多样 可添加像豆腐这样软硬适中的块状食物，食物的软硬程度以用手能轻轻捏碎为宜
每次喂食量	每次喂100克半固体食物、30克蔬菜

辅食烹饪要点

这个阶段，宝宝不但吞咽食物的速度加快，而且能够熟练地用舌头来搅拌食物。这时妈妈们可以在宝宝的辅食中添加像豆腐这样软硬适中的块状食物，食物的软硬程度以用手能轻轻捏碎为宜。如果宝宝对这样的食物硬度接受性良好，妈妈们可以逐渐在此基础上再增加食物的硬度。

辅食添加疑问解答

★ 宝宝这几天突然变得没有食欲怎么办

这是添加辅食中期宝宝经常出现的中途食欲衰退现象，只要宝宝身体健康，精神状态良好，妈妈们就不必担心，一般过一周左右的时间，宝宝便会恢复原有的食欲。这时，妈妈们可以变换食物及烹调方式，或者给宝宝换一套他喜欢的餐具等，应该会有不错的效果。

★ 怎么才能知道宝宝是不是吃饱了

如果宝宝吃着吃着身体向后靠在椅子上，把头从食物的方向移开，开始玩勺子，或者不愿意再张嘴吃饭，这很可能是宝宝已经吃饱了。但是，有时候宝宝不张嘴是因为上一口饭还没吃完，所以妈妈们应留出足够的时间给宝宝咀嚼吞咽食物。

★ 宝宝一直吃自制米粉好吗

自制米粉的主要原料是大米，大米中铁和锌的含量较低，如果只是单纯给宝宝食用这种米粉，宝宝容易缺铁、锌。因此，妈妈们最好能给宝宝吃些非自制的婴儿营养米粉，婴儿营养米粉不是只用大米制成的，它还特别添加了婴儿所需要的维生素、铁、锌等营养素。

★ 添加蠕嚼型辅食时能给宝宝吃零食吗

添加蠕嚼型辅食的宝宝基本上都处于萌牙阶段，这时可以给宝宝吃些手指饼干等小零食，吃零食的时间最好上午和下午各一次，但不能吃得太多，以20～30克为宜。因为有些宝宝过胖，就与吃零食太多有关。

★ 给宝宝制作的辅食可以用蜂蜜调味吗

不可以，因为蜂蜜中含有肉毒杆菌，而肉毒杆菌的芽孢适应能力很强，既耐严寒，又耐高温，能够在连续煮沸的开水中存活6～10小时。如果婴儿食入的肉毒杆菌在肠道内繁殖，婴儿肝脏的解毒功能差，易引起肉毒杆菌食物中毒。中毒的婴儿可出现哭声微弱、吸奶无力、呼吸困难等症状。因此，婴幼儿最好不要吃蜂蜜，特别是1岁以内的婴儿忌食蜂蜜。

★ 怎样做肉类食物容易让宝宝吞咽

在买肉时，妈妈可以挑选油脂比较多的部位，用绞肉机重复绞碎两次。烹煮时，先将绞肉加入少许淀粉及少许酱油调和去腥，然后用沸水煮熟，边煮边搅拌，以免碎肉黏成一团，之后可以加入稀饭一起烹煮。

蠕嚼型辅食推荐

油菜土豆粥

消肿解毒、宽肠通便

材料 大米20克，土豆、油菜各10克，
洋葱5克，海带汤150毫升。

做法

1. 大米洗净，浸泡半小时。
2. 土豆和洋葱去皮，洗净，切碎。
3. 将油菜洗净，用开水烫一下，去茎，
   菜叶部分切碎。
4. 将大米和海带汤放入锅中大火煮开，
   转小火煮熟，再放入土豆碎、洋葱
   碎、油菜叶末煮熟即可。

妈妈们一定要知道的事

油菜不要焯烫太久，否则会造成部
分营养素流失。

青菜烂粥

预防便秘、增强免疫力

材料 大米30克，青菜2棵。

做法

1. 将大米洗净，浸泡1小时，连水放
   入锅中用中火煮开，转小火继续
   熬煮。
2. 青菜洗净切末，放入米粥中，继续煮
   至粥稠烂即可。

妈妈们一定要知道的事

宝宝胃口不好时，最好喂煮得烂烂
的粥，容易消化。

蠕嚼型辅食推荐

芋头玉米泥

健脑、防龋齿

材料 芋头50克，玉米粒50克。

做法

1. 芋头去皮，洗净，切成块状，放水中煮熟。

2. 玉米粒洗净，煮熟，然后放入搅拌机中搅拌成玉米浆。

3. 用勺子背面将熟芋头块压成泥状，倒入玉米浆，拌匀即可。

妈妈们一定要知道的事

芋头中淀粉含量较多，一次不要给宝宝吃得过多，否则会导致腹胀。

核桃牛奶

补钙、健脑益智

材料 核桃50克，配方奶粉6勺。

做法

1. 核桃放入烤箱内烤熟，后用碾钵碾成碎末（或用搅拌机粉碎成核桃末）。

2. 用适量温水将配方奶粉调开，放入核桃末，调匀即可。

妈妈们一定要知道的事

核桃性温，爱上火的宝宝应少吃核桃，以免加重上火症状。

蠕嚼型辅食推荐

茄子泥

消肿止痛、有益骨骼和牙齿发育

材料 嫩茄子半个。

调料 芝麻酱、香油各适量。

做法

1. 将茄子洗净，去皮，切成1厘米宽的细条。
2. 把茄子条放入蒸锅中蒸至软烂。
3. 将蒸烂的茄子用过滤网挤成茄泥，放入少许芝麻酱、香油拌匀即可。

妈妈们一定要知道的事

芝麻酱富含铁，患有缺铁性贫血的宝宝应常吃些芝麻酱。

肉末蛋羹

健脑益智、补血养肝

材料 鸡蛋1个，瘦猪肉25克。

调料 植物油、酱油各适量。

做法

1. 鸡蛋洗净，磕入碗中，打散，加适量清水搅拌均匀，送入蒸锅内，水开后蒸8分钟，取出。
2. 瘦猪肉洗净，剁成肉末；炒锅置火上烧热，倒入适量植物油，放入肉末煸熟，淋入适量酱油翻炒均匀，盛在蒸好的蛋羹上即可。

妈妈们一定要知道的事

鸡蛋最好和面食（如馒头、面包）一起吃，这就可使鸡蛋中的蛋白质最大限度地被宝宝吸收。

蠕嚼型辅食推荐

鸡肉番茄羹

健胃消食、改善贫血

材料 鸡胸肉25克，番茄1个。

调料 水淀粉、香油各适量。

做法

1. 鸡胸肉洗净，切末；番茄洗净，去蒂和皮，切碎。

2. 锅置火上，放入鸡肉末、番茄和适量清水煮开，转小火煮10分钟，用水淀粉勾芡，淋上香油即可。

妈妈们一定要知道的事

番茄生吃可补充维生素C，熟吃能补充保护宝宝心脏的番茄红素。

菠菜鸡肝泥

保护眼睛、补铁补血

材料 菠菜20克，鸡肝2块。

做法

1. 鸡肝清洗干净，去膜筋，剁碎成泥状。

2. 菠菜洗净后，放入沸水中焯烫至八成熟，捞出，凉凉，切碎，剁成蓉状。将鸡肝泥和菠菜蓉混合搅拌均匀，放入蒸锅中大火蒸5分钟即可。

妈妈们一定要知道的事

一次不宜给宝宝吃太多的鸡肝，以免摄入太多的胆固醇。

第10~11个月
添加细嚼型辅食

辅食种类

⭐ 碳水化合物、蛋白质、维生素三者合理搭配

这个阶段，宝宝辅食的进食量增加，妈妈们要给宝宝制订营养均衡的食谱。米饭、面条、馒头片富含碳水化合物，新鲜的蔬菜和水果富含维生素，瘦牛肉、鸡蛋、鱼肉等富含蛋白质。妈妈们要注意将富含这三种营养素的食物搭配在一起给宝宝做辅食。

⭐ 多做些能让宝宝拿在手里吃的块、条状食物

比如把胡萝卜、土豆蒸熟后切成条，把黄瓜去皮洗净后切成条，把苹果或梨等去核后切成条，或者把瘦肉整块煮熟后切成条，这样能让宝宝自己拿着吃，可让宝宝逐渐学会独立吃饭。

辅食添加要点

开始时间	出生第10个月开始
宝宝的饮食习惯	宝宝开始有自己喜欢吃的食物 不要让宝宝边吃饭边玩
优选食物	谷物：玉米、面条、红豆，蔬菜：菠菜、南瓜、红薯、胡萝卜、白萝卜、蘑菇、豆芽、番茄、青椒，水果：苹果、梨、橙子、香瓜，肉类：瘦牛肉、鸡胸肉，海鲜：鳕鱼、虾、蟹、蛤蜊、青鱼，其他：鸡蛋、豆腐、海带末、核桃仁
制作要点	煮熟的米粥要能看清米粒的形状 食物硬度以宝宝能用门牙或牙龈嚼碎、妈妈们能用手捏碎为宜 肉丸子这样的硬度非常适合这个阶段的宝宝
每次喂食量	每次喂100克半固体食物、40克蔬菜

辅食烹饪要点

这一阶段的辅食已经不再是流食了，妈妈们要把食物做成适合宝宝小嘴的大小，培养宝宝细嚼慢咽的良好进餐习惯。给宝宝做的食物硬度以宝宝能用门牙或牙龈嚼碎、妈妈能用手捏碎为宜。

辅食添加疑问解答

☆ 宝宝突然拉坚硬的圆状便便，并且排便困难怎么办

一般来讲，宝宝出现这种状况，说明辅食分量多，水分少。妈妈们应该以给宝宝补充水分为主，可给宝宝喂些凉开水、果汁等，注意在辅食中添加些绿叶蔬菜、海带、木耳等食物，因为这些食物富含膳食纤维，可润肠通便，防止便秘。

☆ 宝宝不吃口味淡的食物，就喜欢吃带咸味的食物，有什么解决办法吗

如果妈妈们已经给宝宝的辅食中添加了盐，盐的用量应控制在极少的量。如果宝宝开始拒绝口味较淡的食物，可将盐的使用量集中在一道菜中，用量要比以前少，其他的菜就不要再加盐调味了，也可以换水果、酸奶等酸口味的食物调味试试。只要调味恰当，就可以满足宝宝的口味。

☆ 正常的辅食量宝宝却吃不饱，喂食的分量有严格的限制吗

只要宝宝有胃口，多喂一些没关系，但富含蛋白质的食物不能给宝宝多吃，不然会增加宝宝肾脏的负担。蔬菜可以不必顾虑摄入量，如果真的担心宝宝吃得过多，可将食物稍微烹调得硬一些，因为要花费力气咀嚼，宝宝就不会吃得太多了。另外，可将食物切得体积大一些，或者减少稀饭中的水量。

☆ 宝宝一天只有一顿饭吃得好，其他几顿都没有胃口是怎么回事

只要宝宝能吃就好，如果宝宝吃完饭以后精神好，玩得好又不哭闹，身高和体重增长正常，就说明喂养方法正确。另外，如果宝宝上一顿饭吃得较多，饭后又没怎么活动的话，胃中的食物可能还没有完全消化，所以才会没有胃口。如果宝宝饿了会自己要吃的，就表明宝宝的身体是健康的、正常的。饭后要多带宝宝活动活动。

☆ 宝宝太胖怎么喂饭才好

每次准备给宝宝喂饭时，先给宝宝喝些淡果汁，适当减少主食的量，多给宝宝吃些水果。但在控制热量的同时，还要保证宝宝有充足的营养供给，肉、蛋、奶等食物不能减少摄入量。

细嚼型辅食推荐

香菇蒸蛋

提高宝宝免疫力

材料　鸡蛋1个，干香菇2朵。

调料　盐少许。

做法

1. 将干香菇泡发，沥干，去蒂，切成细丝。
2. 鸡蛋打散，加盐、香菇丝和适量水搅匀。
3. 放入蒸锅中，蒸8～10分钟即可。

妈妈烹调笔记

　　干香菇中含有矿物质硒，宝宝食用能提高抗氧化能力和活化免疫系统的功能。

鸡蓉汤

增强体质、改善营养不良

材料　鸡胸肉100克，鸡汤300克。

调料　香菜少许。

做法

1. 将鸡胸肉洗净，剁碎，斩成鸡肉蓉，放入碗中拌匀。
2. 将鸡汤倒入锅中，大火烧开。
3. 将调匀的鸡肉蓉慢慢倒入锅中，用勺子搅开，待煮开后，加入香菜调味即可。

妈妈烹调笔记

　　鸡肉的营养高于鸡汤，所以不要让宝宝只喝鸡汤而不吃鸡肉。

细嚼型辅食推荐

海带细丝小丸子

防辐射、改善缺铁性贫血

材料 海带50克，肉末1勺。

调料 葱末、姜末、盐各适量。

做法

1. 将海带洗净，切成细丝。
2. 将肉末、葱末、姜末、盐搅拌成肉馅，制成小丸子。
3. 锅中加水煮沸，下丸子、海带丝，煮沸后再煮5分钟关火即可。

妈妈们一定要知道的事

宝宝吃海带后不要马上吃山楂、柿子等味道酸涩的食物，否则会影响海带中铁的吸收。

鳕鱼面条

利尿消肿、保护宝宝心血管

材料 鳕鱼肉、面条、丝瓜各30克。

调料 酱油适量。

做法

1. 面条放入沸水中煮至八成熟，捞起，用筷子夹成小段；鳕鱼肉洗净，切片。
2. 丝瓜去皮洗净，切细丝。
3. 锅内放入适量清水，煮开后放入鳕鱼肉片，鳕鱼肉片煮熟后，放入切好的丝瓜丝和面条，煮熟即可。

妈妈们一定要知道的事

鳕鱼中含有丰富的不饱和脂肪酸，对于宝宝的智力发育很有帮助，但过敏体质的宝宝要谨慎食用。

细嚼型辅食推荐

菠菜排骨面

增进食欲、增强抗病能力

材料　番茄1个，菠菜2根，豆腐50克，
　　　　排骨汤少许，超细面条15克。

做法

1. 番茄洗净，切丁；菠菜洗净，取菜
   叶切碎；豆腐洗净，切碎。

2. 排骨汤放入锅中煮沸，倒入番茄丁和
   菠菜碎，待汤略沸一下，再加入面条
   和豆腐碎，煮至面条软烂即可。

妈妈们一定要知道的事

　　番茄尽量选购呈圆形的，外形呈尖
形的是过量使用激素造成的，不宜给宝
宝食用。

栗子蔬菜粥

改善小儿口舌生疮

材料　大米30克，栗子10克，油菜叶、
　　　　玉米各5克。

做法

1. 大米洗净，浸泡半小时。

2. 栗子去皮，捣碎；油菜叶切成小
   碎片；玉米洗净，用开水烫一下
   后切碎。

3. 将大米、栗子碎和玉米碎放入锅中，
   加适量清水，大火煮开，转小火煮
   熟，放油菜片煮开即可。

　　妈妈可将栗子对半切开，放在水中煮
5分钟，即可较容易地去掉外壳和膜。

细嚼型辅食推荐

红薯拌南瓜

保护宝宝脾胃

材料　红薯100克，南瓜50克，配方奶
　　　100毫升。

做法

1. 红薯洗净，切方丁，放入沸水中煮
熟；南瓜洗净，切方丁，用沸水煮
软，捞出沥水。

2. 将红薯丁、南瓜丁和调配好的配方奶
搅拌在一起即可。

妈妈们一定要知道的事

红薯缺少蛋白质和脂肪，宜搭配蔬
菜、水果及牛奶等含蛋白质的食物一起
吃，营养才更均衡。

水果杏仁豆腐羹

有益心脏健康

材料　西瓜、香瓜各40克，水蜜桃35
　　　克，杏仁豆腐50克。

做法

1. 西瓜取果肉，去子切丁；香瓜洗净，
去皮切丁；水蜜桃洗净切丁。

2. 将杏仁豆腐切块。

3. 锅中倒入适量水煮开，加入杏仁豆腐
丁煮熟，再加入西瓜丁、香瓜丁、水
蜜桃丁煮沸即可。

妈妈烹调笔记

水果的种类可以根据季节和宝宝的
口味随意改变。

1岁以后
添加咀嚼型辅食

辅食种类

妈妈们在给宝宝制作辅食时，避免食材重复或单一使用，每天要变着花样烹调，目的是让宝宝吃到不同口味的食物，以增强他们的食欲。比如，同样是富含碳水化合物的食物，妈妈们早餐可以做馄饨，午餐可以做花卷，晚餐可以做软饭。

辅食添加要点

开始时间	宝宝1周岁以后
宝宝的饮食习惯	与爸爸妈妈同桌吃饭 开始吃到更多的蔬菜 有的宝宝慢慢学会用勺子吃饭了
优选食物	谷物：玉米、面条、米饭，肉类：瘦牛肉、鸡胸肉， 蔬菜：菠菜、南瓜、胡萝卜、白萝卜、蘑菇、圆白菜、番茄， 水果：苹果、梨、橙子、菠萝、草莓、猕猴桃， 海鲜：鳕鱼、虾、蟹、蛤蜊、青鱼、小银鱼， 其他：鸡蛋、豆腐、海带末、核桃仁、花生、栗子
制作要点	除了煮粥、煮汤，还可以尝试煎、炒、炸等多种烹调方法 把宝宝不爱吃的食物混在爱吃的食物中
每次喂食量	每餐可喂100克软饭，蔬菜从每餐40克逐渐增加至50克

辅食烹饪要点

★ 盐的调味浓度是成人口味的1/4 ~ 1/3

这个阶段，给宝宝做的辅食口味仍要保持清淡，菜肴的咸味是大人饭菜咸味的1/4 ~ 1/3。妈妈们也可以开始用少许咖喱粉来给宝宝的辅食调味了。如果拿宝宝也能吃的大人饭菜做宝宝的辅食，应用温开水将咸味冲淡后再喂给宝宝吃。

★ **把宝宝不爱吃的食物混在爱吃的食物中**

像胡萝卜这种宝宝普遍都不爱吃的食物，妈妈们可以把其剁碎，掺进宝宝爱吃的食物中喂给宝宝，宝宝会更容易接受。另外，给宝宝做的辅食还要注意色彩的搭配，食物颜色搭配得漂亮些，比如在炒黄瓜的时候，可以放些黑色的木耳和黄色的鸡蛋等。

辅食添加疑问解答

★ **宝宝不喜欢喝牛奶，如何补钙**

宝宝不喜欢喝牛奶，妈妈肯定很烦恼如何补钙。其实宝宝可以从别的食品中得到充足的钙质：给宝宝吃些松软的干奶酪，可以单独吃也可以混在宝宝最喜欢的水果中一起吃；橙子在水果中钙含量相对较高，宝宝可以多喝一些橙汁；另外，不仅仅是黄豆，所有的豆类食品都很有营养，比如青豆、菜豆、花豆、芸豆以及鹰嘴豆，它们大多数都含有数量可观的钙质。

★ **给宝宝喂生水果行不行**

生水果不易消化，还没有长牙的月龄小的宝宝最好不要吃，煮熟的水果更易于他们消化。但月龄大些的宝宝是可以吃生水果的，宝宝乳牙萌出后，喜欢啃一些稍硬的东西，生吃水果对身体比较好，因为生水果中维生素和矿物质的含量高于煮熟后的水果。可以将水果切成条，让宝宝拿着咬，嚼这些东西会发出清脆的声音，宝宝刚开始可能会对这种声音感到吃惊，但他很快就会喜欢上这种咀嚼的感觉。但生吃的水果一定要好好清洗、削皮，一方面能清除寄生虫卵，另一方面也能清除一部分残存的农药。

★ **宝宝不喜欢吃米饭，能否用蛋糕来代替**

不可以。因为蛋糕在制作过程中会产生反式脂肪酸，尤其是从蛋糕店或超市中买回来的蛋糕。经常进食含反式脂肪酸的食物，会引起心脑血管疾病。蛋糕的脂肪含量高，经常给宝宝吃容易造成营养失衡，影响生长发育。另外，蛋糕中还富含糖，很容易转化为脂肪。如果宝宝不喜欢吃米饭，妈妈们可以用馒头、面条等面食来代替米饭。

★ **宝宝吃汤泡饭到底好不好**

给宝宝吃汤泡饭很不好，因为这样吃易于吞咽，宝宝不经过咀嚼就把食物直接吞咽下去。不经咀嚼的饭会增加胃的负担，而过量的汤水又会将胃液冲淡，从而影响食物的消化吸收，时间长了还容易引发胃病。

另外，吃汤泡饭还会影响唾液的分泌以及牙齿的咀嚼运动。正常的唾液分泌可以预防宝宝龋齿和牙周疾病；而牙齿的咀嚼运动可以促进牙、颌、面部的正常发育。

咀嚼型辅食推荐

三鲜小馄饨

促进宝宝智力发育

材料　河虾50克，猪腿肉50克，鸡蛋1个，小馄饨皮10张。

调料　盐少许。

做法

1. 将河虾在开水中烫熟，剥出虾肉切碎。
2. 猪腿肉切碎，和虾肉碎一起拌匀，加盐，打入鸡蛋，再拌匀。
3. 将馅料用小馄饨皮包好，煮熟即可。

妈妈们一定要知道的事

水痘难以透发的宝宝最适宜吃虾，可以促进水痘透发。

香菇鸡肉粥

增强宝宝的抗病能力

材料　鲜香菇2朵，鸡胸肉15克，大米50克。

调料　盐、香油各适量。

做法

1. 鲜香菇去柄，洗净，放入沸水中焯烫，取出切末；鸡胸肉洗净，切末；大米淘洗干净。
2. 锅内加适量清水置火上，放入香菇末、鸡肉末和大米中火煮沸，转小火煮至黏稠，加适量盐调味，淋上香油即可。

妈妈们一定要知道的事

不宜给皮肤有瘙痒症状的宝宝食用香菇，否则会加重瘙痒症状。

咀嚼型辅食推荐

海带黄瓜饭

润肠通便

材料　大米40克，海带10克，黄瓜20克。

做法

1. 海带用水浸泡10分钟后捞出来，切成
   小片。
2. 黄瓜去皮后切成小丁。
3. 把泡好的大米和1000毫升水倒入锅
   里，蒸成烂饭，然后放入海带片和黄
   瓜丁，用小火蒸熟即可。

妈妈们一定要知道的事

　　黄瓜中维生素的含量较少，宝宝吃
黄瓜时应同时吃些其他蔬果，营养会更
均衡。

蔬菜饼

促进宝宝视力发育

材料　圆白菜、胡萝卜各30克，豌豆20
　　　　克，面粉50克，鸡蛋1个。

做法

1. 将面粉、鸡蛋和适量水和成面糊。
2. 圆白菜、胡萝卜洗净，切细丝，与
   豌豆一起放入沸水中焯烫，捞出沥
   干，和入面糊中。
3. 将面糊分数次放入煎锅中，煎至两
   面金黄色即可。

　　此饼富含膳食纤维和蛋白质，无论
当成是点心还是正餐时的配饭都很合适。

咀嚼型辅食推荐

圆白菜炒粉丝

预防感冒、调养胃溃疡

材料 圆白菜500克，粉丝150克。

调料 酱油、盐、醋、葱末、植物油各
适量。

做法

1. 圆白菜洗净，切丝；粉丝泡透，切段
待用。

2. 炒锅置火上，倒植物油烧热，放入葱
末煸香，然后放入粉丝、圆白菜炒
匀至熟，调入酱油、醋、盐炒匀即
可。

妈妈们一定要知道的事

给宝宝吃的粉丝要选不加明矾和漂
白剂的。

蘑菇奶油烩青菜

补肝、增强宝宝免疫力

材料 油菜500克，嫩芹菜心1颗，蘑菇
4片，奶油半杯。

调料 盐、黄油各适量。

做法

1. 蘑菇洗净，切成碎末。

2. 锅置于小火上，倒入奶油，煮约5分
钟后加入蘑菇碎煮熟。

3. 油菜洗净后，倒入开水中焯一下，切
成碎末；芹菜洗净，倒入开水中焯
烫，捞出后切成细丝。

4. 将奶油、蘑菇碎、黄油、盐倒在一
起，搅拌均匀，再加入油菜末、芹菜
丝，搅拌均匀后倒入锅中，小火炖15
分钟即可。

咀嚼型辅食推荐

牡蛎煎蛋

补钙、活跃造血功能

材料　牡蛎肉50克，鸡蛋2个。

调料　植物油、葱末、盐各适量。

做法

1. 牡蛎肉洗净泥沙，沥干水分；鸡蛋洗净，磕入碗内，打散。在蛋液中放入牡蛎肉、盐和葱末搅拌均匀。

2. 锅置火上，放油烧至五成热，倒入蛋液煎成蛋块，装盘即可。

妈妈们一定要知道的事

患有湿疹等急慢性皮肤病的宝宝不宜食用牡蛎。

韭菜炒鸭肝

补肝、明目、养血

材料　鸭肝400克，韭菜200克，胡萝卜75克。

调料　酱油、盐、植物油各适量。

做法

1. 胡萝卜洗净，切条；韭菜洗净，切段；鸭肝洗净，切片，在沸水中焯烫，沥干，用酱油腌渍。

2. 炒锅置火上，倒植物油烧热，放入鸭肝煸熟，盛出待用。

3. 锅留底油烧热，倒入胡萝卜条和鸭肝翻炒，加入韭菜翻炒片刻，调入盐略炒即可。

PART 3

宝宝一日三餐营养食谱

最贴心的配餐指导

宝宝的一日三餐应该怎么吃

宝宝的膳食讲究科学搭配，一日三餐要做到营养全面，食物种类丰富多样。在宝宝的一日三餐中，各种食物要平衡适量摄取，粮谷类、蔬菜类、水果类、奶类、豆制品类、蛋类、肉类、油类这几类食物，不仅每天都要安排，而且要在三餐中保持一定的分配比例。比如，对于一个2岁的宝宝，父母可以参照以下方法安排其一日三餐。

早餐可以给宝宝安排200毫升的牛奶、一个煮鸡蛋、30～50克粮谷类食物、少许肉类和蔬菜或水果，以吃饱、吃好为宜。

宝宝午餐的热量供给比例较大，粮谷类、肉类、蛋类、豆制品类食物的供给量都要多一些。每天午餐的食物种类应做到多样化，注意色、香、味的搭配，以保证宝宝有较好的食欲。此外，主副食品、粗细杂粮的比例都要调配好。

晚餐可给宝宝安排50～75克粮谷类食物、50～75克的蔬菜、40克肉类，外加15克的豆制品，以少吃、清淡为宜，多安排些容易消化的食物，晚餐后可再加一个水果。

如果爸爸妈妈白天上班，宝宝交由长辈或保姆照顾，爸爸妈妈要叮嘱长辈或保姆，一定要根据午餐和点心内容来给宝宝安排晚餐的食物，比如午餐宝宝吃了海鲜和蛋类，晚餐就可以安排些绿叶菜、瘦牛肉、豆制品等食物，

这样来安排宝宝的一日三餐，可使宝宝每天都能摄取到均衡且全面的营养，避免食材重复或单一，能让宝宝保持良好的进餐欲望。

双休日宝宝的三餐仍要定时定量

　　双休日里，爸爸妈妈不上班，可能要洗洗衣服，收拾收拾屋子，但再忙也仍要让宝宝的三餐定时定量，每顿饭要间隔4~5小时，以巩固已经养成的良好的进餐习惯。由于休息在家，爸爸妈妈的时间较平日里充裕，可买一些加工较费时间的河鱼、牛肉、动物内脏、整鸡等，以补充一周中宝宝欠缺的食物种类。膳食安排要做到荤素搭配、绿色蔬菜和黄色蔬菜搭配、米面搭配、干稀搭配、粗细粮搭配等，这样既可以发挥各种食物营养成分的互补作用，又可以让宝宝换换口味，更能让宝宝感受到爸爸妈妈的爱。

宝宝吃饭时不能做的三件事

★ 不要批评宝宝

　　有不少父母平时对孩子很少管教，但到吃饭时便想起来教育宝宝，父母你一言我一语，没完没了地进行批评训斥，严重影响宝宝的进餐情绪，容易使宝宝食不知味，食欲锐减。

　　这是因为在宝宝情绪不好时，大脑皮层对外界环境反应的兴奋性降低，使胃肠分泌的消化液减少，胃肠蠕动减弱，从而降低对食物的消化吸收功能。这样就使食物在胃中停留的时间延长，使宝宝没有饥饿感，吃不下饭，即使勉强吃下去，也常感到肚子不舒服。

　　所以，当宝宝有过错时，切忌迫不及待地在吃饭的时候责备他们，这样会严重影响宝宝的食欲和消化功能。

★ 不要催促宝宝快点吃

　　由于宝宝的胃肠道发育还不完善，胃蠕动能力较差，分泌胃液的质和量均不如大人，如果在进食时充分咀嚼，可减轻胃肠道消化食物的负担，提高宝宝对食物的消化吸收能力，并能保护胃肠道，促进营养素的充分吸收和利用。

　　因此宝宝吃饭时，爸爸妈妈不宜过分催促宝宝，要让宝宝有时间充分咀嚼；如果宝宝吃饭速度太快，没有充分咀嚼就将食物咽下，还应该提醒宝宝放慢吃饭速度，细嚼慢咽。

★ 不要让宝宝边吃边玩

　　宝宝心不在焉地边吃边玩，会减少胃肠道的血液供给及消化系统消化液的分泌，进而影响宝宝对食物中营养素的消化吸收，容易造成宝宝食欲不好、消化不良。宝宝吃饭的时候，爸爸妈妈也不要看电视。总之，要让宝宝养成专注进餐的良好习惯。

营养早餐

套餐一 ▶ 胡萝卜芹菜粥 + 炖鱼泥 + 香蕉1个

适合
8个月以上
的宝宝

妈妈烹调笔记

胡萝卜切丁熬煮容易烂，也容易入味，而且用刀切的形状比较持久好看。

妈妈烹调笔记

炖鱼泥可以用各种鱼肉来做，但是一定要把鱼刺挑干净。鱼泥还可以拌在饭中，以增加宝宝的食欲。

胡萝卜芹菜粥

益肝明目、增强免疫力

材料　大米50克，胡萝卜、芹菜叶各20克。
做法
1. 将大米洗净，在水中浸泡20分钟；芹菜叶洗净，切碎；胡萝卜削皮，洗净，切小丁。
2. 锅置火上，放入大米和清水煮沸，改小火熬煮。
3. 将胡萝卜丁放入粥内同煮，待熟软后加盐调味，熄火盛出，再加入芹菜叶碎调匀即可。

炖鱼泥

健脑、促消化

材料　鱼肉50克，白萝卜泥30克，高汤100克。
调料　淀粉、葱花各少许。
做法
1. 将高汤倒入锅中，再放入鱼肉煮熟。
2. 把煮熟的鱼肉取出，压成泥状，放入另一锅中，加入白萝卜泥大火煮开，用淀粉勾芡，撒上葱花即可出锅。

套餐二 ▶ 茴香鸡蛋包子 + 拌海带 + 猕猴桃1个 + 牛奶200毫升

适合
2岁以上
的宝宝

妈妈烹调笔记

调馅要求鲜，当日调馅，当日做完，
用肉或素菜加葱、姜、香油、盐调制。

茴香鸡蛋包子

行气、散寒、止痛

材料　面粉、茴香各500克，鸡蛋3个，鲜
　　　酵母6克。

调料　植物油、葱末、姜末、盐、味精、
　　　香油各适量。

做法

1. 面粉放入盆中，加入鲜酵母和温水揉成
　软硬适当的面团，放置发酵待用。

2. 把茴香洗净，切成碎末，放在盆内；鸡
　蛋打到碗中，搅成蛋液。

3. 炒锅置火上，倒植物油烧热后淋入蛋液
　炒熟，铲碎，凉凉后倒入茴香里，再加
　葱末、姜末、盐、味精、香油搅拌均匀。

4. 把面团切成25克一个的剂子，擀制成圆
　形面皮，包入适量馅捏制成包子生坯，
　饧发片刻，上笼屉大火蒸熟即可。

拌海带

对抗辐射、消痰平喘

材料　水发海带500克。

调料　鲜酱油少许。

做法

1. 海带洗净，切丝，用沸水煮熟，捞出沥
　水，装盘。

2. 用少许鲜酱油拌匀即可。

妈妈们一定要知道的事

海带富含钙质，钙与眼球的形成有
关，宝宝的眼球尚未定型，应该多摄入含
钙多的食物。

套餐三 ▶ 豆沙包 + 白菜肉片汤 + 橘子1个

适合
2岁以上
的宝宝

豆沙包

健脾祛湿、解毒消痈

材料　发酵面团、红豆各500克。

调料　白糖适量。

做法

1. 将红豆煮烂，滤水，碾成豆沙，加白糖拌匀即成红豆馅。

2. 取发酵面团，做成多个剂子，擀皮包入馅料，做成包子生坯，饧发后上笼，大火蒸10分钟即可。

　　冷天用发酵粉发面时加上一些白糖，可缩短发酵时间。

白菜肉片汤

预防宝宝便秘

材料　白菜200克，瘦猪肉50克，鸡骨汤600毫升。

调料　酱油、淀粉、植物油、盐各适量。

做法

1. 白菜洗净，切段；瘦猪肉洗净，抹干水分，切成薄片，加少许酱油、淀粉腌渍10分钟。

2. 锅内倒植物油烧热，下入肉片滑散，加入鸡骨汤烧开，下白菜段，煮至肉熟菜烂，放少许盐调味即可。

妈妈烹调笔记

　　鸡骨汤味道很鲜，可以不加味精调味。

套餐四 ▶ 南瓜拌饭 + 鲜蘑菇炒豌豆 + 桃子1个

适合
1.5岁以上
的宝宝

南瓜拌饭

护眼、健脾胃

材料 南瓜20克，大米50克，白菜叶
　　　1片。

做法

1. 南瓜洗净，去皮，切成碎粒；白菜叶洗
　 净，切碎。

2. 大米淘洗干净，浸泡半小时。

3. 将大米放入电饭煲中，煮至沸腾时，加
　 入南瓜粒、白菜叶煮到稠烂即可。

鲜蘑菇炒豌豆

预防便秘、增强抗病能力

材料 鲜蘑菇80克，豌豆50克。

调料 植物油、葱末、酱油、盐各适量。

做法

1. 鲜蘑菇洗净，切成小丁；豌豆洗净。

2. 炒锅内倒植物油烧热，放入葱末煸出
　 香味，下入蘑菇丁，加酱油翻炒均匀。

3. 加入豌豆，旺火快炒，炒至快熟时，
　 加盐调味即可。

妈妈们一定要知道的事

　　白菜膳食纤维含量丰富，腹泻的宝宝
不宜食用，易加重腹泻症状。

 妈妈烹调笔记

　　切蘑菇丁时，蘑菇丁要大小一致，这样
炒完的蘑菇丁熟度一致，做出来的菜式好看。

套餐五 ▶ 排骨汤面 + 香菇炒蛋 + 草莓5个

适合
1.5岁以上
的宝宝

排骨汤面

养胃、补血

材料　猪排骨100克，细面条50克，青菜
　　　50克。

调料　盐、醋各适量。

做法

1. 猪排骨斩成小块后放入冷水锅大火烧
   沸，加一点醋后调小火煮半个小时左
   右，关火，捞出排骨，留汤。

2. 将青菜洗净，切成小段；细面条从中间
   折断，下入排骨汤中，大火煮。

3. 煮到面沸腾后，加入青菜段，边搅拌边
   煮，大约5分钟后，加盐调味即可。

香菇炒蛋

解毒、提高免疫力

材料　鸡蛋3个，鲜香菇100克，牛奶50
　　　毫升。

调料　植物油、盐各适量。

做法

1. 鸡蛋打入碗中，加牛奶、盐打散；香菇
   去柄，洗净，切条。

2. 锅中倒植物油烧至七成热，放香菇条
   翻炒，加盐炒匀，倒入鸡蛋液炒熟即
   可。

妈妈烹调笔记

　　烹调这道菜最好选择鲜牛奶，不宜选
用调味奶，以免影响成菜的口味。

套餐六 ▶ 番茄汁烩肉饭 + 虾皮黄瓜汤 + 葡萄20克

适合
1岁以上
的宝宝

番茄汁烩肉饭

增进宝宝食欲、预防感冒

材料　白米饭100克，胡萝卜10克，番
　　　茄、洋葱、鸡肉各20克。

调料　植物油、盐各适量。

做法

1. 鸡肉切成肉末；番茄去皮，切碎；洋葱
　 切碎；胡萝卜切成细丝。

2. 植物油倒入锅中加热，按鸡肉末、洋
　 葱碎、番茄碎、胡萝卜丝的顺序放
　 入锅内翻炒，再加入白饭一起翻炒均
　 匀。

3. 以盐调味，盛入盘中即可。

虾皮黄瓜汤

补充钙质、强身壮骨

材料　虾皮15克，黄瓜100克，紫菜适量。

调料　植物油、香油各适量。

做法

1. 黄瓜洗净，切成片；紫菜洗净，撕碎。

2. 锅置火上，倒植物油烧热，下虾皮煸
　 炒片刻，加适量清水煮沸。

3. 下入黄瓜片和紫菜，转小火煮3分钟，
　 出锅前淋香油即可。

妈妈烹调笔记

虾皮通常有咸味，因此可以不加盐。

丰盛午餐

套餐一 ▶ 燕麦绿豆甜粥 + 芹菜炒肉丝 + 卤豆干20克

适合
1.5岁以上
的宝宝

妈妈烹调笔记
给宝宝添加燕麦等粗粮应做到细、软、熟。

妈妈烹调笔记
芹菜宜选嫩一些的，利于宝宝咀嚼。

燕麦绿豆甜粥

健脾胃、止呕吐

材料　绿豆30克，小米20克，糯米40克，燕麦25克。

做法
1. 将绿豆洗净，在冷水中浸泡约2小时；燕麦、小米、糯米洗净，冷水浸泡20分钟左右。
2. 锅内倒水，下入绿豆、小米、糯米、燕麦，大火煮滚，转小火熬煮约40分钟，待所有材料都煮至熟烂即可。

芹菜炒肉丝

清肠利便、润肺止咳

材料　芹菜150克，瘦猪肉50克。
调料　植物油、鲜汤各适量，盐2克。

做法
1. 芹菜去叶，削根，去老茎，洗净，切成寸段；瘦猪肉洗净，切丝。
2. 锅置火上，放植物油烧热，随后下芹菜段、肉丝煸炒，加入盐和鲜汤，翻炒几下即可出锅。

套餐二 ▶ 黄豆玉米饭 ＋ 生菜肉卷 ＋ 草莓汁

黄豆玉米饭

【护眼、健脑、健脾胃】

材料　黄豆、发芽米、玉米各50克。

做法

1. 将黄豆洗净，在水中浸泡2小时，备用；发芽米、玉米洗净。
2. 将黄豆、发芽米、玉米都放入电饭锅内，加适量水，用电饭锅煲熟即可。

适合2岁以上的宝宝

生菜肉卷

【补脾胃、益气血】

材料　生菜叶2片，牛肉50克，鸡蛋1个。

调料　盐适量。

做法

1. 生菜叶洗净，放到沸水中焯烫，沥干水分；牛肉剁成肉泥；鸡蛋磕入碗中，拌入牛肉泥和盐调匀。
2. 用生菜叶将调好的牛肉泥包好，做成生菜卷，上锅蒸熟，吃时切段即可。

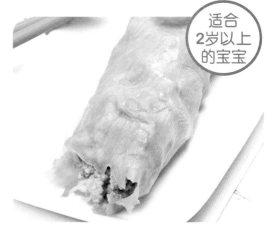

适合2岁以上的宝宝

草莓汁

【明目养肝、调理贫血】

材料　草莓200克。

做法

1. 将新鲜的草莓洗干净，去蒂。
2. 将处理好的草莓放入榨汁机中，加适量水打碎即可。

适合2岁以上的宝宝

套餐三 ▶ 菠菜鸡蛋面 + 清蒸带鱼 + 小番茄3个

适合
1.5岁以上
的宝宝

菠菜鸡蛋面

明目、强化心脏健康

材料 面条50克，嫩菠菜50克，鸡蛋1
个，胡萝卜20克。

调料 盐2克，花生油、香油、蚝油各少许。

做法

1. 将菠菜择洗干净，焯水，切段；胡萝
卜去皮切片；在碗里放入盐、香油、蚝
油、花生油，调成味汁。

2. 锅中倒水烧开，下入面条、胡萝卜，
待面条快熟时，打入鸡蛋，下入菠菜，
煮至熟透倒入味汁煮开即可。

 妈妈烹调笔记

菠菜根与菠菜的茎和叶一样有营养，
不宜扔掉。

清蒸带鱼

开胃、暖胃、补虚

材料 宽带鱼1条。

调料 醋10克，盐2克，花生油适量。

做法

1. 带鱼去头、尾、鳃和肠杂后，洗净，
切段。

2. 将带鱼段加盐拌匀后，加入醋，再沾
满花生油，放入盘中，上锅蒸20分钟即
可。

妈妈烹调笔记

带鱼的腥味较重，加一点醋可以
去腥味。

套餐四 ▶ 栗子稀饭 ＋ 核桃蔬菜沙拉 ＋ 蛋松15克

适合
1.5岁以上
的宝宝

栗子稀饭

健脾胃、促进食欲

材料 栗子100克，大米60克。

做法

1. 栗子去壳剥皮，大米用清水泡10分钟。
2. 栗子与大米一起放入锅中，加清水熬成稀饭。

核桃蔬菜沙拉

补脑、提高免疫力

材料 菠萝150克，碎核桃仁、西芹各40克，葡萄4粒，梨半个，酸奶15毫升，柠檬汁、蜂蜜各10毫升。

做法

1. 菠萝去皮，切丁，用淡盐水浸泡15分钟；葡萄洗净切成两半，去子；梨去核，切丁；西芹择洗干净，焯熟，切段。
2. 把所有水果丁、西芹段及核桃仁放入盘中混合，加酸奶、柠檬汁、蜂蜜搅拌均匀，调入果盘即可。

妈妈们一定要知道的事

栗子含有核黄素，常吃栗子对日久难愈的小儿口舌生疮有益。

套餐五 ▶ 米团汤 + 花豆腐 + 牛肉干15克

适合
1.5岁以上
的宝宝

米团汤

增强食欲、促进消化

材料　米粉2大匙，米饭1/4碗，胡萝卜
　　　1/10个，青椒1/5个。

调料　盐少许。

做法

1. 米饭和米粉搅合在一起，揉成米团。

2. 将胡萝卜和青椒洗净，切成小丁。

3. 锅中加清水，放入蔬菜同煮，煮熟后加
　入米团煮沸即可。

妈妈们一定要知道的事

　　胡萝卜素主要存在于皮下，而胡萝卜
皮只有透明薄薄一层，因此，去皮吃胡萝
卜等于丢弃了多数胡萝卜素。

花豆腐

促进钙质吸收

材料　豆腐50克，青菜叶30克，熟鸡蛋
　　　黄1个。

调料　盐2克，葱姜水5克。

做法

1. 将豆腐煮一下，放入碗内研碎。

2. 青菜叶洗净，用开水烫一下，切碎后也
　放入碗内，加入盐、葱姜水搅拌均匀。

3. 在豆腐中加入青菜碎，做成方块形，再
　把蛋黄研碎撒在豆腐表面。

4. 放入蒸锅中用中火蒸5分钟即可。

妈妈烹调笔记

　　豆腐宜选口感较嫩的南豆腐，更
易于宝宝消化吸收。

套餐六 ▶ 韭菜鲜肉馄饨 + 蛋奶菜心 + 桃子1个

适合
1.5岁以上
的宝宝

韭菜鲜肉馄饨

散瘀活血、助消化

材料 猪肉馅150克，韭菜75克，馄饨皮150克。

调料 香菜末、盐、香油、高汤各适量。

做法

1. 韭菜洗净，切碎；猪肉馅再剁细，加入韭菜及盐、香油调成馅料。

2. 每张馄饨皮包入少许馅料，捏成长枕形馄饨，放入开水中煮熟至浮起。

3. 高汤放碗内，盛入煮好的馄饨，再加香菜末即可。

妈妈烹调笔记

调肉馅时要注意，要沿一个方向搅打上劲，这样调出的肉馅才好吃。

蛋奶菜心

解毒除热、防止大便干燥

材料 白菜心100克，鸡蛋1个，鲜奶50毫升，鲜汤100毫升。

调料 盐3克，水淀粉10克，香油少许。

做法

1. 将白菜心洗净，焯水，捞出沥干；鸡蛋打散。

2. 锅置火上，加鲜汤、白菜心烧熟，取出白菜心放盘中。

3. 锅内倒鲜汤，撒盐，加入鲜奶烧开，用水淀粉勾芡，加入鸡蛋搅匀，淋上香油，盛出浇在白菜心上即可。

妈妈们一定要知道的事

肠胃不好的宝宝发烧时最好减量或避免食用鸡蛋，不然肠胃会不舒服。

健康晚餐

套餐一 ▶ 五彩什锦饭 + 冬瓜鱼丸汤 + 香蕉1个

适合
2岁以上
的宝宝

妈妈烹调笔记

鸡蛋宜炒得嫩一些，这样更易于宝宝消化。

妈妈们一定要知道的事

冬瓜性寒味甘，能清热生津、解暑除烦，特别适宜在夏季给宝宝食用。

五彩什锦饭

健脾开胃、生津益血

材料　米饭1碗，鸡蛋1个，豌豆30克，黄瓜30克，火腿20克。

调料　植物油、盐适量。

做法

1. 黄瓜洗净切丁，火腿切丁，豌豆洗净，一起放入锅中，用植物油炒熟，加盐调味。

2. 锅内倒植物油烧热，鸡蛋打匀后倒入，快速炒散，倒入米饭炒匀。

3. 加入预先炒好的黄瓜丁、火腿丁、豌豆，盖上锅盖，小火焖一会儿即可。

冬瓜鱼丸汤

利尿消肿、提高抗病能力

材料　冬瓜、胡萝卜各50克，鱼丸20克，芹菜1根。

调料　盐、香油各少许。

做法

1. 冬瓜去皮除子，洗净，切小块；芹菜洗净，切碎末；胡萝卜洗净去皮，切小块。

2. 锅内加水煮开后，放入胡萝卜块和冬瓜块煮透，然后加入鱼丸煮熟，撒上芹菜末和盐，略煮1分钟，滴入香油即可。

套餐二 ▶ 酸奶香米粥 + 菜花土豆泥 + 酸奶200克

适合
1.5岁以上
的宝宝

酸奶香米粥

增强宝宝肠胃功能

材料　香米50克，酸奶50毫升。
做法
1. 将香米淘洗干净，放入清水中浸泡3小时。
2. 锅置火上，放入香米和适量清水大火煮沸，再转小火熬成烂粥，即可关火。
3. 待粥凉至温热，加入酸奶搅匀即可。

菜花土豆泥

抗癌、改善皮肤湿疹

材料　菜花30克，土豆1个，肉末10克。
调料　盐少许，植物油适量。
做法
1. 菜花洗净，煮熟后切碎。
2. 土豆煮熟后去皮压成泥。
3. 肉末用植物油炒熟后与土豆泥、菜花碎混合，加入少许盐拌匀即可。

 妈妈烹调笔记

　　千万不要在粥还烫的时候加酸奶，因为那样会破坏酸奶中益生菌等营养。

妈妈烹调笔记

　　土豆带皮蒸或煮营养损失最少，是最佳吃法。

套餐三 ▶ 香菇素菜包 + 蛤蜊蛋汤 + 苹果1个

适合
2岁以上
的宝宝

香菇素菜包

活血化瘀、提高免疫力

材料　面粉500克，酵母粉8克，油菜100
　　　克，水发香菇30克，香干50克。

调料　盐、味精、植物油、香油各适量。

做法

1. 面粉中加入酵母粉，用温水和匀，揉
　 成表面光滑的面团，饧发至原体积2
　 倍大。

2. 油菜、香菇、香干洗净，剁碎，加盐、
　 味精、植物油、香油拌匀成馅料。

4. 将面团分成大小一样的剂子，擀成皮，
　 包入制好的馅料，捏成包子生坯。

5. 将生坯放入蒸笼内静置15~20分钟，
　 开火，大火烧开后转小火蒸约10分钟
　 即熟。

蛤蜊蛋汤

增强食欲、养胃润肺

材料　蛤蜊800克，水发木耳15克，笋片
　　　25克，鸡蛋1个。

调料　盐适量。

做法

1. 蛤蜊洗净，煮熟，取出蛤蜊肉，煮蛤蜊
　 的汤备用；水发木耳择洗干净，撕成小
　 片；鸡蛋磕入碗中，搅拌成蛋液。

2. 锅置火上，倒入煮蛤蜊的汤，加入笋
　 片、木耳片、盐烧沸，放入蛤蜊肉和鸡
　 蛋液烧熟，起锅装入碗内即可。

妈妈烹调笔记

　　蛤蜊等贝类本身极富鲜味，烹制时千万不
要再加味精，也不宜多放盐，以免鲜味流失。

套餐四 ▶ 蛋花番茄面 + 白菜肉泥 + 猕猴桃1个

适合
1岁以上
的宝宝

蛋花番茄面

健胃消食、健脑益智

材料 挂面150克，番茄100克，鸡蛋1个。

调料 葱花、盐、植物油各适量。

做法

1. 番茄洗净，去蒂，切成月牙瓣；鸡蛋洗净，磕入碗内打散。

2. 锅置火上，倒入适量植物油，待油温烧至七成热，放入葱花炒香，加入适量清水烧沸。

3. 下入挂面煮熟，倒入番茄煮至软烂，倒入蛋液搅散，用盐调味即可。

　　将番茄换成菠菜或小白菜煮面，不但味道清爽，而且还能补充丰富的叶酸。

白菜肉泥

润肠排毒、补血

材料 瘦猪肉25克，大白菜50克，虾皮少许。

调料 香油、酱油、葱姜汁、盐各适量。

做法

1. 大白菜洗净，切成碎末；瘦猪肉洗净，剁成肉泥；虾皮洗净，水泡片刻去掉咸味，控干水，切成碎末。

2. 把肉泥、虾皮末加入调料，顺一个方向搅拌均匀，然后放入菜末拌匀，上蒸笼蒸熟即可。

　　给宝宝食用的虾皮最好选用不带咸味的干虾皮，这样不易让菜肴的咸味过重。

| 套餐五 | ▶ | 莲子糯米粥 ＋ 青菜肝末 ＋ 橘子1个 |

适合
2岁以上
的宝宝

莲子糯米粥

调理宝宝遗尿

材料　莲子25克，糯米50克。

做法

1. 将莲子、糯米清洗干净备用。
2. 将洗好的糯米、莲子一起放入锅中，加适量清水煮成粥即可。

青菜肝末

帮助宝宝提高免疫力

材料　鲜猪肝50克，青菜叶40克。

调料　盐少许。

做法

1. 猪肝洗净，去筋膜，切碎；青菜叶洗净，用沸水焯烫一下切碎。
2. 猪肝碎放入锅中，加沸水煮熟，加入青菜末、盐略煮，即可出锅。

★ 妈妈烹调笔记

　　糯米制品一定要加热后再给宝宝食用，不然不易消化。

★ 妈妈烹调笔记

　　动物肝脏宜现切现做，新鲜的动物肝脏切后放置时间一长胆汁会流出，会损失营养。

套餐六 ▶ 豆沙酥饼 + 番茄西蓝花 + 黄豆豆浆

适合
1.5岁以上
的宝宝

豆沙酥饼

健脾祛湿、润肠通便

材料 红豆沙、面粉各50克，牛奶适量。
调料 花生油适量。
做法
1.将红豆沙加入适量牛奶搅拌均匀成馅。
2.面粉加一点牛奶和热水和成"烫面"，
  然后放在面盆里让面饧一会儿。
3.将饧好的面做成几个圆坯，再包上豆沙
  馅做成生饼坯。
4.起油锅，将生饼坯煎熟即可。

番茄西蓝花

增强抗病毒能力

材料 番茄100克，西蓝花150克。
调料 葱花3克，盐2克，植物油、香油
  少许。
做法
1.将西蓝花洗净，掰成小朵，放入开水中
  焯烫后过凉；番茄洗净，放入开水中焯
  烫后去皮，切成月牙瓣。
2.锅置火上，放植物油烧至五成热，放入
  葱花爆香，下入番茄炒一会儿，再放入
  西蓝花，加入盐、香油，略炒即可。

妈妈们一定要知道的事

宝宝不爱吃饭时，在菜肴中加些番
茄，可增进宝宝食欲。

PART 4

聪明宝宝最爱的食物

吃出健康乖宝宝

0～3岁聪明宝宝的宜吃忌吃食物

坚决远离的食物	腊肉、香肠等加工的肉类食物，咸菜等腌制食物，油炸、熏烤类食物，罐头、果脯、膨化食品、方便食品、碳酸饮料等添加剂含量较多的影响宝宝肝脏发育和功能的食物
每周一定要摄入的食物	米、面、豆等五谷，豆浆、豆腐等大豆制品，菜花、西蓝花、油菜、圆白菜、大白菜、萝卜等十字花科蔬菜，木耳、海带、紫菜等菌藻类食物，牛奶及其制品，胡萝卜，番茄，海鱼
最优的健脑食物	核桃、芝麻、花生、大豆、开心果、杏仁、榛子、腰果、蛋黄、豌豆、胡萝卜等
最佳的排铅食物	大葱、大蒜、洋葱、海带、胡萝卜、番茄、酸奶、牛奶，以及猕猴桃、橘子等富含维生素C的水果
最佳蔬菜	胡萝卜、南瓜、红薯、大白菜、圆白菜、洋葱、西蓝花、芦笋、茄子、香菇、紫甘蓝、番茄、山药、玉米、白萝卜、木耳、银耳
最佳水果	苹果、猕猴桃、香蕉、草莓、樱桃、橘子、木瓜、西瓜、芒果
最佳肉类	瘦牛肉、鸭肉、鸡肉

食物颜色与五脏调养

食物颜色	脏器调养	食物来源
红色食物	护心	胡萝卜、红辣椒、番茄、西瓜、山楂、红枣、草莓、红薯、红苹果等
黄色食物	养脾	南瓜、玉米、花生、大豆、土豆、杏等
绿色食物	护肝	绿叶蔬菜
白色食物	养肺	牛奶、大米、鸡肉、梨、藕、白萝卜、百合等
黑色食物	护肾	黑米、黑芝麻、黑豆、木耳、海带、紫菜等

为宝宝选择最健康的食物

⭐ 选择本地的有机农产品

可为宝宝优先选择本地的有机、无污染的农产品。因为本地产品不仅成熟度好，不需要长时间的运输，营养价值损失小，而且不需要用保鲜剂来进行防腐处理，是比较安全、健康的食物。爸爸妈妈们如果能为宝宝选择有机或绿色的水果、蔬菜当然是最好的，但也要根据自己的经济情况决定。

> **TIPS**
>
> 根据新鲜食品的分类分级，"绿色食品AA级"，即有机食品，是最好的健康食品，因为它不含有化肥、农药、防腐剂、色素及转基因成分等。其次是"绿色食品A级"，允许限量使用农药、化肥、激素等人工合成物质。

⭐ 选择应季食物

爸爸妈妈们要多留心了解一下各种粮食、蔬菜、水果和海产品等食物分别是哪个季节上市的，然后多给宝宝选择应季的食物来吃，因为应季食物喷洒的农药、化肥、激素等成分相对较少，相比那些反季节食物更健康。比如正常应在七月份上市的西瓜，不要春节的时候买给宝宝吃，要等西瓜大量上市的七月再吃。

⭐ 不要自行为宝宝购买保健品

保健食品是由国家有关部门审核批准的特殊食品，它具有一定的保健功能。但要注意，爸爸妈妈们不要自行为宝宝购买保健食品。

比如由不良饮食习惯造成的营养缺乏，就以服用保健品来补充宝宝需要的营养，这是本末倒置的办法。

宝宝钙不足时，首先考虑摄入富含钙的鲜牛奶、酸奶、虾皮、豆制品等，而不是补钙剂；宝宝如果缺乏蛋白质，可以吃鸡鸭鱼肉等富含蛋白质的食物，而不是蛋白粉；缺铁时则应考虑吃些瘦猪肉、瘦牛肉、动物肝脏、动物血等富含铁的食物。

如果通过饮食来纠正营养素缺乏收效不好，可让营养师做出明确诊断，如果明确诊断为营养不良的宝宝，可以在营养师的指导下考虑采用某些合适的保健品，但保健品不宜长期服用。

玉米
让宝宝头脑聪明身体棒

健康关键词 ▶ 补钙 健脑 防癌

谈营养说健康

玉米富含许多营养保健物质，除了碳水化合物、蛋白质、脂肪、胡萝卜素外，还含有核黄素等。相比稻米和小麦等主食，玉米中的维生素含量是稻米、小麦的5～10倍。此外，100克黄玉米含14毫克钙。

玉米所含的谷氨酸较高，谷氨酸能促进脑细胞代谢，有一定的健脑功能。玉米富含的谷胱甘肽，是一种抗癌因子，能使人体内多种致癌物质失去致癌性。另外，玉米脂肪中的脂肪酸主要是亚油酸、油酸等不饱和脂肪酸，这些也都是对智力发育有利的营养物质。

专家连线

1. 玉米中含有的胡萝卜素、玉米黄质为脂溶性维生素，加油烹煮可帮助身体吸收，更能发挥其保健效果。

2. 玉米宜搭配豆类食用，因为豆类含有蛋白质和钙，不含胆固醇，但是缺乏人体必需氨基酸中的蛋氨酸，蛋白质不能被人体完全利用；玉米中蛋氨酸含量丰富，但缺乏豆类中的丝氨酸和赖氨酸。因此，玉米和豆类同食，营养吸收率可显著提高。

新手妈咪学着做

用玉米糁煮出营养好喝的7倍粥

7倍粥细滑、软烂，容易吞咽，非常适合1岁以内的宝宝食用。7倍粥不仅可以直接喂给宝宝吃，还可以当主料或辅料用于制作其他辅食。所谓7倍粥，就是米与水的比例是1：7，比如使用了50克的米，那煮粥时就应加入350克的水。

具体做法：取50克玉米糁淘洗干净，倒入锅中，加350克清水用中火煮沸，转小火熬煮40分钟，将粥中的玉米糁盛入研钵内，用杵棒捣烂后再放回煮粥的原汤中搅拌均匀即可。

营养菜谱推荐

玉米豆腐萝卜糊

材料 玉米面50克，嫩豆腐1小块，胡萝卜2片。

做法

1. 将胡萝卜片放入搅拌机中打成糊。
2. 将豆腐洗净，用筷子或勺子搅碎；用冷水将玉米面调成糊状。
3. 锅中加适量清水，大火煮开，放入玉米面糊、豆腐碎和胡萝卜糊，边煮边搅，煮5分钟即可。

妈妈烹调笔记

这款粥红、黄、白的颜色掺杂在一起，会让宝宝更有食欲。

玉米面发糕

材料 面粉35克，玉米面15克，红枣3颗，酵母适量。

做法

1. 酵母用35℃的温水溶化调匀。
2. 面粉和玉米面倒入盆中，慢慢地加酵母水和适量清水搅拌成面糊。
3. 面糊饧发30分钟。将红枣散放在面糊上面。
4. 送入烧沸的蒸锅蒸15～20分钟，取出，切块食用。

妈妈烹调笔记

也可以在发糕表面点缀些葡萄干，其酸甜的口味宝宝也会喜欢的。

小米
给宝宝做出"代参汤"

健康关键词　清热解渴　和胃安眠　健脑补脑

谈营养说健康

小米富含维生素B_1、维生素B_2等，具有预防消化不良及口腔溃疡的作用；小米还具有防止反胃、呕吐的功效。此外，中医认为小米能清热解渴，健胃除湿，和胃安眠。

小米熬粥营养价值丰富，有"代参汤"的美称。由于小米不需要精制，它保存了许多的维生素和矿物质。小米中的维生素B_1可达大米的几倍，小米中的矿物质含量也高于大米。

小米还富含色氨酸，色氨酸可帮助宝宝入睡，使宝宝的大脑得到充分的休息。小米是宝宝健脑补脑的有益主食，宝宝经常吃些小米有益于增强智力。

专家连线

1. 给宝宝煮小米粥的时候不宜放碱，否则会破坏掉小米中的B族维生素。

2. 小米宜与大豆或肉类食物混合食用，这是由于小米的氨基酸中缺乏赖氨酸，而大豆和肉类的氨基酸中富含赖氨酸，可以补充小米缺乏赖氨酸的不足。

 新手妈咪学着做

★5倍小米粥与大人米饭一锅出

给宝宝做的粥与大人的米饭一锅出，不但节省烹调时间，而且非常简单好学，每天和大人吃的米饭一起做就可以了，饭好了，粥也好了！

具体做法：先将大人吃的米淘洗干净后倒入锅中，添好水，再把宝宝的煮粥杯放在锅中央，把米向四周拨，杯放在锅底即可，杯内米与水的比例是1∶5，然后开始蒸米饭就行了，等饭好了，粥也好了，大人孩子可以一起吃了。如果宝宝的喉咙较为敏感，可把稀粥压烂后再喂给宝宝吃！

营养菜谱推荐

鸡肝小米粥

补血、养脾胃

材料　鲜鸡肝、小米各100克。

调料　香葱末、盐各适量。

做法

1. 鸡肝洗净，切碎；小米淘洗干净。两者一同入锅煮粥。

2. 粥煮熟之后，用盐调味，再撒上些香葱末即可。

妈妈烹调笔记

　　淘小米时不要用手搓，忌长时间浸泡或用热水淘小米，以免损失小米中的营养。

小米黄豆面煎饼

清热解毒、健胃止呕

材料　小米面200克，黄豆面40克，干酵母3克。

调料　植物油适量。

做法

1. 将小米面、黄豆面和干酵母放入面盆中，用筷子将盆内材料混合均匀，倒入温水搅拌成均匀无颗粒的糊状。

2. 加盖饧发4小时，将发酵好的面糊再次搅拌均匀。

3. 锅内倒植物油烧至四成热，用汤勺舀入面糊，使其自然形成圆饼状。

4. 开小火，将饼煎至两面金黄即可。

胡萝卜
营养好吃又不上火的 "小人参"

健康关键词　保护眼睛　促进生长发育　抵抗传染病

谈营养说健康

　　胡萝卜含有多种营养成分，其中胡萝卜素含量较高。胡萝卜素进入人体后，在肠和肝脏可转变为维生素A，它是膳食中维生素A的重要来源之一。维生素A有保护眼睛、促进生长发育、抵抗传染病的功能，是宝宝不可缺少的维生素。缺乏时皮肤干燥，呼吸道黏膜抵抗力低，易感染，易患眼干燥症、夜盲症、骨髓、牙齿发育不良，生长发育迟缓等。

　　宝宝常吃些胡萝卜，可以帮助大脑增强记忆，保护大脑的思维功能，减少痴呆症的患病率。

专家连线

　　1. 胡萝卜生吃熟吃大不同，生的维生素C含量丰富，熟的胡萝卜素含量丰富。

　　2. 胡萝卜不宜与白萝卜一起吃。因为胡萝卜中含有能够破坏维生素C的酵素，会把白萝卜中的维生素C完全破坏掉。

新手妈咪学着做

★ 让宝宝爱上胡萝卜的味道

　　胡萝卜是宝宝常食用的一种辅食，它营养丰富，对宝宝的健康很有好处，但大多数的宝宝都不喜欢胡萝卜的味道，这让妈妈们很头疼。怎么能让宝宝乖乖吃下胡萝卜呢？请看妙招！

　　胡萝卜与肉、蛋、猪肝等搭配着吃，可以掩盖胡萝卜的味儿；或者把胡萝卜剁得很细，放在肉馅中做成丸子或与其他剁碎的食材包成饺子，隐藏在宝宝喜欢吃的菜里面，他们发现不了，就会吃了！

营养菜谱推荐

胡萝卜鸡蛋碎

`预防呼吸道感染`

材料　胡萝卜1根，鸡蛋1个。

调料　生抽少许。

做法

1. 胡萝卜洗净，上锅蒸熟，切碎。

2. 鸡蛋带壳煮熟，放入凉水里泡一下，去壳，切碎。

3. 将胡萝卜碎和鸡蛋碎混合搅拌均匀，滴上生抽即可。

妈妈烹调笔记

　　鸡蛋煮熟后迅速放到冷水里面泡一会儿，就很容易去壳了。

香菇胡萝卜面

`护眼、提高免疫力`

材料　鲜面条50克，香菇、胡萝卜各20克，菜心100克。

调料　蒜片10克，盐5克，植物油适量。

做法

1. 菜心洗净，切段；香菇、胡萝卜均洗净，切片。

2. 锅内倒植物油烧至五成热，爆香蒜片，放入胡萝卜片、香菇片、菜心段略炒，加足量清水大火烧开。

3. 将鲜面条用水冲洗，去掉外面的防粘淀粉，以保持汤汁清澈。

4. 洗好的面条放入锅中煮熟，加盐调味即可。

红薯
宝宝体内酸碱平衡的调节师

健康关键词 〉促进发育 ◇ 提高免疫力 ◇ 保护心血管

谈营养说健康

红薯营养丰富，味道甜，口感软嫩，非常适合刚添加辅食的宝宝食用。红薯富含淀粉、维生素C、维生素B_1、胡萝卜素、钾等营养成分，热量较高，但不含脂肪。红薯中含有一种胶原黏液，有利于保护心血管。红薯中还含有一种叫作"脱氧异雄固酮"的物质，具有抗癌作用。经常给宝宝吃些红薯，有助于宝宝体内的酸碱平衡，让宝宝少生病。

红薯中赖氨酸和精氨酸含量都较高，对宝宝的发育和抗病能力都有良好作用。它所富含的可溶性膳食纤维有助于促进宝宝肠道益生菌的繁殖和提高机体的免疫力。

专家连线

1. 红薯不宜与柿子一起吃，红薯与柿子在胃中相遇会形成胃柿石，容易引起胃胀、腹痛、呕吐，严重时会导致胃出血。

2. 红薯适宜与米、面搭配烹调，这样可减轻食入红薯后出现的胀肚或排气感。

新手妈咪学着做

★ 用红薯自制放心的食物磨牙棒

宝宝6个月左右时乳牙开始萌出，牙床变得痒痒的，很喜欢乱咬东西，进入"磨牙期"。市面上所卖的牙咬胶，除了要反复消毒，使用时间长了还易释放出有害物质。自制的食物磨牙棒做法简单，天然无污染，成本低，宝宝拿来磨牙的时候还能吃到一部分食物，会有成就感！我们这个食物磨牙棒其实就是红薯干。

具体做法：红薯洗净，隔水蒸熟，取出，切条，摆放在微波炉专用盘中，送入微波炉中，用中火加热3～4分钟，戴上隔热手套取出，凉凉即可。

营养菜谱推荐

红薯鸡蛋饼

`营养丰富，促进成长`

材料　红薯100克，鸡蛋1个，面粉20克。

调料　植物油适量。

做法

1. 红薯洗净，切丁，鸡蛋打散，加入面粉和适量清水，搅拌均匀制成面糊，把红薯丁加进面糊里。

2. 平底锅加热，刷上一层植物油，待油烧至五成热时，倒进面糊，小火煎至两面金黄即可。

　　煎的时候，想熟得快点，可以盖上锅盖用小火煎。

芋头红薯甜汤

`通便排毒、美肤护齿`

材料　芋头、红薯各100克。

调料　红糖适量。

做法

1. 芋头、红薯均洗净，切块。

2. 锅置火上，加适量清水，放入红薯块、芋头块，先用大火煮2分钟，再改用小火煮至软烂。

3. 加入红糖搅拌均匀即可。

　　芋头一定要烹熟，否则其中的黏液会刺激宝宝的咽喉。

菠菜
理想的叶酸补充剂

健康关键词 ▶ 护眼 健脑益智 缓解便秘

谈营养说健康

菠菜含有丰富的胡萝卜素、叶酸、核黄素、维生素C及钙、磷、铁等营养成分。其中，胡萝卜素进入宝宝体内后会转变成维生素A，对宝宝的眼睛有保健作用。所含的叶酸是脑细胞代谢的"最佳供给者"之一，具有健脑益智的作用。所含的核黄素能预防口腔溃疡。常吃菠菜，对宝宝便秘有一定的缓解作用，还能促进胃液和胰液的分泌，有利于食物的消化、吸收。

专家连线

1. 吃菠菜时不要把根全部去掉。菠菜的根属于红色食品，含有膳食纤维、维生素和矿物质，具有很好的食疗作用，营养丰富，菠菜根还可以预防儿童糖尿病。

2. 菠菜虽好，但给孩子食用要适量。有的爸爸妈妈认为菠菜营养丰富，一到春天每顿饭都有菠菜，这也是不可取的。蔬菜合理搭配才更有益于健康。

新手妈咪学着做

★ 不影响钙吸收的菠菜吃法

有的爸爸妈妈认为，菠菜含草酸较多，会妨碍宝宝对钙的吸收，其实，只要制作方法得当，草酸的负面影响是可以大大减少的。

具体做法：烹调菠菜前，先把洗净的菠菜放在开水中快速焯一下，30秒左右就差不多，这样绝大部分草酸就可以去除掉了。

TIPS

菠菜里的草酸主要是以草酸钾的形式存在，草酸钾的水溶解度很高，1克草酸钾能溶于3毫升水，所以菠菜焯水后，大量草酸钾就溶解到水里了。

营养菜谱推荐

奶油菠菜

维护宝宝正常视力

材料 菠菜叶100克,奶油20克。

调料 盐2克,黄油少许。

做法

1. 菠菜叶洗净,用沸水焯烫,切碎。

2. 锅置火上,放适量黄油,烧热后下奶油至化开,下菠菜碎煮2分钟至熟,加盐即可。

妈妈烹调笔记

　　菠菜要提前焯烫,破坏其中的草酸,否则会影响宝宝对钙质的吸收。

鹌鹑蛋菠菜汤

强壮筋骨、健脑益智

材料 鹌鹑蛋4个,菠菜100克。

调料 盐、香油各适量。

做法

1. 鹌鹑蛋洗净,磕入碗中,打散;菠菜择洗干净,放入沸水中焯烫30秒,捞出,沥干水分,切段。

2. 锅置火上,倒入适量清水烧开,淋入蛋液搅成蛋花,放入菠菜段,加盐搅拌均匀,淋上香油即可。

妈妈烹调笔记

　　在焯菠菜的水中加少许盐和食用油,焯出的菠菜碧绿不发黄。

西蓝花
吃出宝宝自己的免疫力

谈营养说健康

西蓝花的营养较一般蔬菜丰富，不但热量低、膳食纤维含量多，还富含胡萝卜素、维生素C、维生素K、叶酸、类黄酮以及钙、钾等营养素，其中维生素C的含量相当于大白菜的4倍，维生素B_2与胡萝卜素的含量分别为大白菜的2倍和8倍。常吃西蓝花可以增强宝宝肝脏的解毒能力，还能提高宝宝的免疫力，防止感冒和坏血病的发生。

另外，西蓝花既有助抗癌又有益心脏。最新的一项研究发现，吃西蓝花还能帮肠道抗菌，降低局部性回肠炎的复发率。

专家连线

1. 烹调西蓝花尽量选择短时间加热的方法，断生之后马上盛出，不但能保持蔬菜的脆嫩感，还能较好地保存西蓝花中的营养。

2. 西蓝花尽量别生吃，将西蓝花用沸水焯烫一下再吃不但口感更好，其中所富含的膳食纤维素也更容易消化。

新手妈咪学着做

★ 让藏在花柄处的菜虫现形

西蓝花易生虫，而且有些菜虫会钻进西蓝花花柄的缝隙处，这让西蓝花不容易清洗干净，下面就教你如何将西蓝花彻底清洗干净并让藏在花柄处的菜虫现形。

具体做法：摘去西蓝花边缘的绿叶子，削去西蓝花的老根，将西蓝花放入淡盐水中浸泡10分钟（水量要以没过西蓝花为宜），可以将藏匿在花柄缝隙处的菜虫逼出来，然后在拧开的水龙头下用软毛刷将西蓝花表面的污物洗刷干净，再将西蓝花倒着拿在手上，用流动的水冲洗花柄的缝隙处即可。

营养菜谱推荐

牛奶西蓝花

健脑壮骨、补脾和胃

材料　西蓝花50克，牛奶30毫升。

做法

1. 西蓝花清洗干净，放入水中汆烫至软。
2. 将沥干水分的西蓝花掰成小朵。
3. 将掰好的西蓝花小朵放入小碗中，倒入准备好的牛奶即可。

　　西蓝花焯烫的时间不宜过长，不然会降低营养。

西蓝花豆浆汁

缓解宝宝便秘

材料　西蓝花200克，豆浆400毫升。

做法

1. 西蓝花洗净，掰成小朵，放沸水中焯烫，凉凉备用。
2. 把西蓝花和豆浆放入榨汁机中搅打成汁即可。

　　豆浆很容易变质，宜用当天现做的新鲜豆浆来制作。

番茄
守卫宝宝健康的最强抗氧化剂

健康关键词　预防感冒　防止便秘　帮助消化

谈营养说健康

番茄含有丰富的番茄红素，它是一种有助于预防癌症和心脏病的天然抗氧化剂。另外，番茄中还含有丰富的维生素C和大量的膳食纤维，这些成分能够帮助宝宝预防感冒，防止便秘。番茄中所含有的苹果酸可以促进胃液分泌，帮助消化，具有强化吸收的作用。如果出现因过食油腻所导致的消化不良，以及中暑、胃热口苦等不适，食用番茄可收到一定的疗效。

专家连线

1. 一定不要给宝宝吃未成熟的青番茄，因为未成熟的番茄中含有龙葵碱，对肠胃黏膜有较强的刺激，并对神经有麻痹作用，会引起呕吐、头晕等不适症状。

2. 番茄最好生熟搭配吃。生吃番茄可以吸收较多的维生素C，烹熟后食用能吸收番茄红素。

3. 如果宝宝患了腹泻等肠胃疾病，应当忌食番茄，不然会加重症状。

新手妈咪学着做

巧去番茄的皮和子

番茄的皮和子，月龄小的宝宝难以消化，妈妈在用番茄给宝宝制作食物的时候，一定要将番茄的皮和子去除干净，这样才有利于宝宝食用和消化吸收。

具体做法：番茄洗净，在蒂部用刀划个"十"字，放入烧开的沸水中焯烫30秒，捞入冷水中浸凉后剥去表皮，切薄片，用钢勺的柄将番茄的子挖下来即可。另一种给番茄去皮的方法不用动火，也很方便、管用，取一个钢勺，像刮土豆皮那样在番茄表面刮一遍，然后在番茄的表皮撕开一个小口，很容易就能将番茄的皮剥下来了。

营养菜谱推荐

牛肝拌番茄

开胃、补肝明目

材料 牛肝50克，番茄20克。

做法

1. 将牛肝外层薄膜剥掉之后用凉水泡出
   血水，然后放锅中煮烂，切碎。
2. 番茄用水焯一下，随即取出，去皮、
   子，并切碎。
3. 将切碎的牛肝和番茄拌匀即可。

妈妈烹调笔记

牛肝也可以换成鸡肝或猪肝。

番茄荷包蛋

保护心血管、增强免疫力

材料 鸡蛋1个，番茄100克，菠菜
   20克。

调料 盐2克，葱丝3克，水淀粉10克，
   植物油适量。

做法

1. 番茄用开水烫一下，去皮、子，
   切成小片；菠菜洗净，焯水，切
   成小段。
2. 锅置火上，加适量清水烧开，打入鸡
   蛋，将鸡蛋煮熟成荷包蛋。
3. 另取净锅，放植物油烧热，下入葱丝
   煸炒，再下入番茄煸炒。
4. 将煮熟的荷包蛋及水倒入番茄锅中，
   加上盐、菠菜段烧开，用水淀粉勾芡
   即可。

洋葱
宝宝的健康卫士

健康关键词 提高免疫力 增强抗病能力

谈营养说健康

洋葱含有维生素C、甲基硫化合物、前列腺素A、挥发油及钙、磷、铁、硒等营养成分，具有抗寒、抵御流感病毒、杀菌的作用，而且营养丰富，能增进食欲，促进消化。洋葱含有的类黄酮物质具有强大的抗氧化能力，能清除伤害细胞的氧分子自由基以预防疾病。洋葱中含有大蒜素和植物杀菌素，具有较强的杀菌能力。其所含有的微量元素硒是一种很强的抗氧化剂，能增强细胞的活力和代谢能力。所以洋葱对于提高宝宝免疫力可起到一定的作用。

专家连线

1. 皮肤有瘙痒症状的宝宝不宜吃洋葱，不然会使瘙痒加重。也不要给患有眼疾的宝宝吃洋葱，以免加重病情。

2. 晚餐最好不要给宝宝吃洋葱，因为食用洋葱后会有轻微的腹胀感，容易影响宝宝睡眠。

 新手妈咪学着做

★ 巧切洋葱不流泪

洋葱的汁液含刺激性物质，切开后能挥发到空气中，可以直接刺激眼睛的角膜引起流泪，经鼻子吸入后通过反射也会引起流泪。怎样切洋葱不流泪呢？妈妈们一定很想知道吧。

具体做法：洋葱洗干净后放入冰箱冷藏2～4小时，将切洋葱的刀用清水润湿后再切洋葱就不会流眼泪了！

营养菜谱推荐

洋葱圈煎鸡蛋

抵御流感病毒

材料　洋葱1/2个，鸡蛋2个。

调料　植物油适量。

做法

1. 洋葱洗干净，切成圈；鸡蛋洗净。
2. 煎锅置火上烧热，倒入植物油，放入洋葱圈，在洋葱圈内磕入鸡蛋，煎至鸡蛋两面熟透，盛出装盘即可。

妈妈烹调笔记

在鸡蛋表面淋少许水，盖上锅盖小火煎，煎出的鸡蛋口感更嫩。

什锦烩饭

补虚、酸碱平衡

材料　牛肉20克，胡萝卜半根，土豆、洋葱各半个，大米20克，熟鸡蛋黄1个。

调料　牛肉汤、盐各少许。

做法

1. 将牛肉冲洗干净，切碎；胡萝卜、土豆洗干净，去皮，切碎；洋葱洗净切碎；熟蛋黄捣碎。
2. 将大米、牛肉碎、胡萝卜碎、土豆碎、洋葱碎、牛肉汤、盐放入电饭锅中焖熟后，加蛋黄碎拌匀即可。

妈妈烹调笔记

洋葱也可以用少许的大葱白来代替。

牛肉
强壮身体的最好肉食

健康关键词 ▶ 提高抗病能力 | 滋养脾胃 | 强健筋骨

谈营养说健康

牛肉营养丰富，是优质的高蛋白食物，所含有的蛋白质比猪肉高1倍。牛肉除了能提高身体的抗病能力、滋养脾胃、强健筋骨外，还能补充失血和修复组织。瘦牛肉中的脂肪含量较低，维生素A、维生素B_1、维生素B_6、维生素B_{12}及铁、锌、磷含量较高。

牛肉富含的锌不但有益于宝宝神经系统的发育，而且对免疫系统也有益，还有助于保持宝宝皮肤、骨骼和毛发的健康。

牛肉中富含一种铁，叫作血基质铁，这种铁更容易被人体吸收。宝宝吃一份牛肉餐就会有多达23%的铁被身体吸收，比吃富含铁的植物性食物铁的吸收率要高。

另外，牛肉含有能提高宝宝智力的亚油酸和锌等营养素，常吃牛肉可使宝宝更聪明。

专家连线

1. 如果宝宝不喜欢牛肉的味道，可以把牛肉剁成肉馅和切碎的蔬菜合，用可食用的薄纸包上，放在烤箱里烤一个纸包牛肉，蘸着番茄酱吃，牛肉的膻味就一点也没有了。

2. 清炖牛肉最能保存牛肉中的营养，并且用清炖的方法做出来的牛肉原汁原味，鲜美可口，肉质软嫩，比较适合宝宝食用。

3. 牛肉的肉质纤维比较粗，有些部位不容易消化，给宝宝吃的牛肉要尽量选嫩一些的，并要烹调得细软一些，同时一次不能让宝宝食用太多的牛肉，易引起消化不良。

新手妈咪学着做

★ 做出宝宝爱吃的软烂牛肉

瘦牛肉的脂肪含量较瘦猪肉低，并富含铁质，比较适合宝宝食用，而且瘦牛肉又没有瘦羊肉的膻味，更适合宝宝的口味，但牛肉的肉丝较粗糙，如果烹调得不细软，不易消化。

具体做法：取25克瘦牛肉，洗净，切末，放入锅中，倒入清水熬煮至牛肉末烂熟，过滤出汤中的牛肉末，捣成牛肉泥，加热肉汤倒入牛肉泥中调成糊状即可。

营养菜谱推荐

胡萝卜牛肉粥

材料　牛肉15克，胡萝卜30克，白米粥
　　　适量。

调料　盐少许。

做法

1. 将牛肉洗净，剁碎，用盐调味；胡萝
　卜去皮，切丁。
2. 将牛肉碎、胡萝卜丁放入煮好的白米
　粥中，煮熟并调味即可。

妈妈烹调笔记

　　牛肉比较难煮烂，烹饪时可以放一
个山楂、一块橘皮或一点茶叶，可以使
肉更容易烂。

菠萝牛肉

材料　牛肉100克，菠萝50克。

调料　葱末、老抽、盐各适量。

做法

1. 牛肉切片，用老抽腌30分钟；菠
　萝切成小丁，在淡盐水中浸泡15
　分钟。
2. 起油锅，下牛肉爆炒，下入菠萝丁，
　然后加一点盐和老抽，焖煮一会儿待
　肉汤收干，加入葱末即可。

妈妈烹调笔记

　　牛肉和菠萝搭配，风味独特，更适
合宝宝的胃口。

动物肝脏
宝宝的天然补铁食物

健康关键词 ▶ 补血补铁 · 保护眼睛 · 维持健康肤色

谈营养说健康

动物肝脏是补血食品中最为普及的食物，尤其是猪肝，食用猪肝可以调节和改善人体内造血系统的生理功能。所以动物肝脏是婴幼儿理想的补血、补铁食物。

动物肝脏中富含的维生素A具有维持正常生长和生殖机能的作用，能保护眼睛，维持正常视力，防止眼睛干涩、疲劳，维持健康的肤色，对皮肤的健美具有重要意义。

经常食用动物肝脏还能补充维生素B_2，这对补充机体重要的辅酶和完成机体对一些有毒成分的去毒有重要作用。

动物肝脏中还具有一般肉类食品不含的维生素C和微量元素硒，能增强人体的免疫力，抗氧化，防衰老，并能抑制肿瘤细胞的产生。

专家连线

1. 动物肝脏的烹调时间不能太短，至少应该在急火中炒5分钟以上，使肝完全变成灰褐色，看不到血丝才好，否则不能杀死动物肝脏中的某些病菌和寄生虫卵。

2. 动物肝脏中胆固醇的含量较高，一次不宜食用过多，过多地摄入胆固醇，不利于心血管的健康。

3. 动物肝脏要现切现做，新鲜的肝脏切后放置时间一长胆汁会流出，会损失营养。

 ## 新手妈咪学着做

★ 巧洗动物肝脏，干净没异味

动物肝脏是动物体内最大的解毒器官与毒物中转站，所以给宝宝吃的动物肝脏一定要清洗干净后再烹调，下面以清洗猪肝为例，介绍一下清洗动物肝脏既干净又没有异味的窍门。

具体做法：在猪肝表面撒些面粉，用手轻柔猪肝5分钟，再用流动的清水冲洗净猪肝，剔除猪肝上的白色筋状物质，再用温水把猪肝浸泡10分钟，然后洗净就可以了！

营养菜谱推荐

芝麻肝

补血、养肝、明目

材料　猪肝50克，鸡蛋1个，芝麻20克，面粉10克。

调料　姜末、盐各少许，植物油适量。

做法

1. 将鸡蛋打散，搅拌均匀；猪肝洗净，切成小薄片，加盐、姜末腌渍一下，蘸上面粉、鸡蛋液和芝麻。

2. 锅中放适量植物油烧至七成热，放入猪肝，炸熟后捞出即可。

妈妈烹调笔记

炸的时候油温不能太高，不然外皮炸熟了，里面还不熟。

肝黄粥

保护眼睛、预防烂嘴角

材料　猪肝30克，熟鸡蛋1个，大米40克。

调料　盐少许。

做法

1. 将猪肝洗净，用刀切成蓉，加盐腌渍10分钟。

2. 熟鸡蛋去皮，取出蛋黄，压成泥。

3. 将大米淘洗干净，加适量清水，放入锅中煮开，用小火继续煮成稀粥。

4. 将肝泥、蛋黄泥加入稀粥中，煮3分钟即可食用。

妈妈们一定要知道的事

正常的鸡蛋，蛋黄的颜色越黄，对宝宝眼睛健康越有好处。

虾
鲜美的补钙能手

谈营养说健康

虾肉肉质松软，易于消化。虾肉富含钙、磷、铁、硒等矿物质，还含有蛋白质、脂肪、维生素A、硫胺素、核黄素以及烟酸等，经常食用能提高宝宝的食欲并增强体质。

虾肉是味道鲜美的补钙能手，虾中所含有的钙质对婴幼儿牙齿及骨骼的发育有益处。

虾肉中牛磺酸的含量较高，牛磺酸对宝宝的眼睛很有好处，可促进宝宝的身体健康发育。

专家连线

1. 无论是海虾还是河虾，都含有丰富的蛋白质。虾的可食部分蛋白质占到16%～20%，其中海虾居首，河虾次之。

2. 不要给患有湿疹、荨麻疹等过敏性疾病的宝宝喂食虾肉，不然会加重过敏症状。

3. 虾皮通常含有较多的盐分，给宝宝烹调前宜用清水浸泡去盐分。

4. 虾肉富含蛋白质、钙等营养物质，不宜与柿子、山楂等含鞣酸的水果一起吃，不然会降低对虾肉中蛋白质的吸收，还会出现呕吐、头晕、腹泻腹痛等不适症状，吃完虾肉要间隔2小时再吃这几种水果。

新手妈咪学着做

★ 巧用牙签去虾线

虾背上的虾线是虾未排泄完的废物，吃到嘴里有泥腥味，不但会影响宝宝的食欲，还不卫生，所以应去掉。许多新妈妈对如何去虾线很头疼，其实，只要学会了正确的方法，非常简单哦！

具体做法：准备一只干净的牙签，从虾头和虾身的连接处向下数第3个关节，用牙签穿过虾身（虾头和虾身的连接算1个关节），一手拿虾，一手拿牙签轻轻向外挑虾线，一般是靠近虾头一边的虾线会先挑出来，慢慢用手拽虾线，靠近尾部一端的虾线就会全部拉出来了。

营养菜谱推荐

清蒸基围虾

促进食欲、增强体质

材料　基围虾200克。

调料　盐2克，香菜段10克，葱末3克，酱油5克，香油少许。

做法

1. 基围虾洗净，去头、壳和虾线，用盐、葱末腌渍；酱油加香油调成味汁。

2. 将基围虾放入盘中，上笼蒸15分钟，取出撒上香菜段，食用时蘸调味汁即可。

妈妈烹调笔记

　　基围虾蒸制的时间不宜过长，否则会失去鲜嫩的口感。

虾末菜花

预防感冒、促进骨骼生长

材料　菜花150克，虾30克。

调料　生抽5克，盐4克。

做法

1. 菜花洗净，掰成小朵，放入沸水中，加少许盐，烫软后捞出切碎。

2. 虾洗净，挑去虾线，放入沸水中煮熟后剥皮，切碎，加入生抽、盐再煮一下，均匀地倒在菜花上即可。

妈妈们一定要知道的事

　　患有过敏性鼻炎、反复发作的过敏性皮炎的宝宝不宜吃虾。

鸡蛋
价格低廉的婴幼儿营养库

健康关键词 > 补充全面营养 | 促进脑部发育

谈营养说健康

鸡蛋含有人体必需的几乎所有营养物质，并且是我们自家厨房中最容易找到的食材，它含有丰富的易被宝宝身体吸收的卵黄磷蛋白、不饱和脂肪酸，以及钾、钠、镁、磷等矿物质，还含有维生素A、维生素B_2、维生素B_6、维生素D、维生素E等营养成分。鸡蛋能为宝宝补充全面的营养，堪称价格低廉的婴幼儿营养库。鸡蛋黄中富含卵磷脂和DHA，能促进宝宝脑部的发育，有增强记忆力、健脑益智的功效。

专家连线

1. 鸡蛋的烹调方法有许多：煎、炒、烹、炸、煮、蒸，其中以用蒸、煮方法烹调的鸡蛋最有营养，而且最容易消化吸收。

2. 肾功能不全及皮肤生疮化脓的宝宝不宜食用鸡蛋，否则会加重不适症状。

3. 给宝宝吃的煮鸡蛋不宜煮得过老，否则蛋白质会凝结，不利于宝宝消化吸收。另外，妈妈们要注意不要给宝宝吃生鸡蛋。

4. 红皮鸡蛋能量、脂肪含量稍高，白皮鸡蛋维生素A含量稍高。

 新手妈咪学着做

★ 煮出营养好吃的嫩鸡蛋

嫩鸡蛋不但好吃，而且营养更易于宝宝吸收。喂给宝宝的鸡蛋切忌煮得过老，煮得过老的鸡蛋不仅口感硬，影响宝宝的食欲，同时蛋黄表面会形成灰绿色的硫化亚铁层，很难被宝宝消化吸收。

具体做法：鸡蛋用流动的清水洗净外皮，凉水下锅煮开后再煮3分钟，离火，不拿下锅盖闷2分钟即可。

营养菜谱推荐

虾皮鸡蛋羹

材料　鸡蛋1个，虾皮5克。

调料　香油适量。

做法

1. 虾皮洗净，浸泡去咸味，捞出，切碎；鸡蛋洗净，磕入碗中，打散。蛋液中放入切碎的虾皮和适量清水搅拌均匀。

2. 将搅打好的鸡蛋液放入蒸锅中，开火，待蒸锅中的水开后再蒸5～8分钟，取出淋上香油即可。

妈妈烹调笔记

　　蛋液中加凉开水蒸出的鸡蛋羹会很细腻。

奶酪炒鸡蛋

材料　婴儿用奶酪1/4片，黄油5克，鸡蛋1个，牛奶15毫升。

调料　橄榄油少许。

做法

1. 将婴儿用奶酪捣碎。

2. 鸡蛋磕开，取蛋黄，搅匀成蛋液。

3. 黄油蒸化后和奶酪、蛋黄、牛奶一起充分搅拌成汁液。

4. 煎锅中放橄榄油烧热，放入搅好的汁液，用木勺边搅边炒，炒熟后关火盛出即可。

妈妈烹调笔记

　　在大中型超市出售冷藏食品的区域即可买到奶酪片。

深海鱼
营养全身的天然保健品

健康关键词 ▶ 健脑补钙 | 促进生长发育

谈营养说健康

深海鱼营养丰富，其蛋白质及钙、磷、碘等矿物质的含量均高于其他肉类，同时含有人体必需的8种氨基酸，还含有多种维生素，特别是脂溶性维生素A、维生素D等。

深海鱼中含有丰富的卵磷脂、不饱和脂肪酸、DHA等有益于宝宝大脑发育的营养成分。卵磷脂是大脑中神经介质乙酰胆碱的重要来源，可增强宝宝的记忆、思维和分析能力。DHA是构成脑细胞不可缺少的营养物质，能增强婴幼儿的记忆力和思维能力，并能提高智力。此外，深海鱼还能为宝宝补充优质蛋白质，促进生长发育，同时还能为宝宝补充足量的钙质。

专家连线

1.给宝宝做深海鱼肉宜用烧、蒸的方法烹调，这样更易于保存鱼肉中的营养。

2.给宝宝喂食的鱼肉一定要烹熟煮透，因为有些深海鱼体表或体内会有寄生虫。

3.给宝宝食用的深海鱼宜选体内没有小细刺的，比如鳕鱼、黄花鱼、扒皮鱼等，以避免宝宝被鱼刺卡着。

 新手妈咪学着做

★ 让鱼肉的味道更鲜美

鱼肉肉质细嫩，易消化，对月龄小的宝宝尤为适宜。常食能促进发育，强健身体。给宝宝食用的深海鱼宜选用略带脂肪的鱼肚肉，吃起来嫩而不柴。但是深海鱼的腥味较大，去腥很关键，这样宝宝才能接受鱼肉的味道，汲取鱼肉的营养。

具体做法：把去净鱼刺的鱼肉洗净，放入烧至温热的水中，淋入少许醋，烧至锅中的水沸腾，淋入适量的水淀粉，这样煮出的鱼肉会变得更鲜美，肉质更嫩滑，妈妈们赶紧试试吧！

营养菜谱推荐

鱼肉香糊

促进宝宝大脑发育

材料　海鱼肉50克。

调料　盐、淀粉、鱼汤各适量。

做法

1. 将海鱼肉洗净，切条，蒸熟，去骨、刺和鱼皮，剁成肉泥状。
2. 把鱼汤煮开，下入鱼肉泥，用淀粉略勾芡，用盐调味即可。

　　宜选用鳕鱼、鲈鱼等没有碎刺的海鱼，比较适合宝宝食用。

金黄鳕鱼片

有利于宝宝生长发育

材料　鳕鱼200克，鸡蛋1个。

调料　醋、植物油、盐各适量。

做法

1. 将鳕鱼肉用水洗净，擦干水分，切成片，淋上醋，撒上适量盐。
2. 鸡蛋打散，加盐调匀。
3. 平底锅烧热后倒入植物油，将鳕鱼片放入蛋液中打滚，再放入锅中，用小火煎黄即可。

　　鳕鱼片裹上一层蛋液不但煎出来色泽金黄，而且煎的时候鱼肉不会粘锅。

苹果
让宝宝头脑好用的"记忆果"

健康关键词 ▶ 健脑　保护心脏　排毒

谈营养说健康

每100克苹果中含钙11毫克、磷9毫克、铁0.3毫克，并含有一定量的胡萝卜素、维生素B_1、维生素B_2及维生素C。苹果性质温和，宝宝食用不会有过敏等反应。

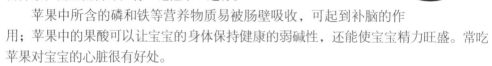

苹果中富含糖分、维生素、矿物质等大脑所必需的营养素，而且富含锌，有"记忆果"之称。

苹果中所含的磷和铁等营养物质易被肠壁吸收，可起到补脑的作用；苹果中的果酸可以让宝宝的身体保持健康的弱碱性，还能使宝宝精力旺盛。常吃苹果对宝宝的心脏很有好处。

此外，苹果中含有的果胶是一种膳食纤维，可以帮助宝宝排出体内的毒素，特别有利于宝宝将吸入的空气污染物排出。

专家连线

1. 红皮的苹果比青皮或黄皮的苹果更有益于宝宝的健康。

2. 如果宝宝能吃苹果肉，就不要把苹果榨汁；苹果汁宜现榨现喝，不然里面的营养物质会在空气中被氧化而损失。

3. 宝宝吃完苹果后要漱口，因为苹果含酸性物质，对宝宝的牙齿不好。

4. 给宝宝吃的苹果不宜削皮，因为苹果中具有排毒作用的果胶就藏在果皮中，如果经济能力允许，可以给宝宝买一些无污染的有机苹果吃。

5. 应让宝宝养成吃苹果细嚼慢咽的习惯，苹果慢慢吃其中的营养才能被充分吸收。

 新手妈咪学着做

★ 宝宝爱吃妈妈做的熟苹果泥

苹果泥含有多种维生素和矿物质，适合4～6个月的宝宝食用。苹果泥具有补气血、健脾胃的功效，对宝宝缺铁性贫血有较好的防治作用，对消化不良、脾虚的宝宝也较适宜。宝宝常吃苹果泥，还可预防佝偻病。

具体做法：取1个苹果洗净后去皮和蒂，除核，切成小丁，装入蒸碗中，加少许清水，送入烧开的蒸锅蒸20分钟，取出，凉至温热，用杵棒将蒸熟的苹果丁捣碎，即做成熟苹果泥。

营养菜谱推荐

苹果沙拉

材料 苹果50克，葡萄干5克，橙子半
个，优乳酪15克。

做法

1. 苹果洗净后去皮、子，切小丁；葡萄
   干泡软；橙子去皮、子，切小丁。把
   此食材盛到水果盘里。
2. 把优乳酪倒入水果盘里搅拌均匀
   即可。

妈妈烹调笔记

苹果宜现吃现切，放置时间长不仅
会氧化变黑，而且营养素会损失。

苹果馅饼

材料 苹果2个，面粉适量。

调料 蜂蜜适量。

做法

1. 苹果洗净切小块，放入榨汁机中，加
   少许水，打成果泥，将果汁和果泥分
   离开。
2. 用果汁和面，揉成光滑的面团；果泥
   加入蜂蜜拌匀做成馅。
3. 将面团分成数份，制成剂子，擀成
   片，包入馅料，按成小饼，放入平底
   锅中两面煎熟即可。

妈妈烹调笔记

还可以将馅饼生坯放入电饭煲中
烙，跳两次闸后再闷5分钟即可。

猕猴桃
呵护宝宝健康的维C之王

健康关键词　抗病　保护肝胆　保护心脏

谈营养说健康

　　猕猴桃含有10多种人体所需的重要营养素：氨基酸、碳水化合物、B族维生素、维生素C、维生素E、膳食纤维及钾、钙、镁等矿物质。猕猴桃中维生素C的含量比柑橘、苹果等水果高几倍。

　　猕猴桃含两种天然的抗氧化维生素：胡萝卜素、维生素C，这两种营养素都可以提高宝宝的免疫力，让宝宝少生病。此外，猕猴桃所含的酚类、糖类物质以及矿物质对人体修护细胞膜、活化免疫细胞都有重要作用。

　　此外，猕猴桃中的果胶能使宝宝的肠道减少对铅的吸收；猕猴桃含有的硒能保护宝宝的肝胆、心脏和造血系统。

专家连线

　　1. 猕猴桃性质寒凉，患风寒感冒的宝宝不宜吃猕猴桃，脾胃功能较弱的宝宝要少吃。

　　2. 果肉呈浓绿色的猕猴桃品质好，而且营养素的含量较高。

　　3. 给宝宝吃完猕猴桃后不宜马上喂牛奶，因为猕猴桃中维生素C含量较高，易与牛奶中的蛋白质凝结成块，不但影响消化吸收，而且还会出现腹痛、腹胀、腹泻等不适症状。

新手妈咪学着做

★ 催熟猕猴桃，苹果和梨来帮忙

　　充分成熟的猕猴桃质地较软，并有香气，这是猕猴桃较适宜食用的状态。但是我们通常买回家的猕猴桃大多质地较硬，并且味道酸，还不宜食用。只要存放得当，质地较硬的猕猴桃很快就会变软，口味也会随之变甜。

　　具体做法：将买回来的质地较硬的猕猴桃放入塑料袋中，再取与猕猴桃相同数量的苹果或梨放入装有猕猴桃的塑料袋中，扎紧袋口，在阴凉通风处放置3～5天，猕猴桃就会变软变甜！

营养菜谱推荐

猕猴桃杏汁

清热降火、润燥通便

材料　猕猴桃200克，杏50克。

做法

1. 猕猴桃洗净，去皮，切小丁；杏洗净，去核，切小丁。
2. 猕猴桃丁和杏肉丁一同放入榨汁机中加适量饮用水榨汁，倒入杯中饮用即可。

　　做好的猕猴桃杏汁应尽快饮用，因为放置时间长了，会损失营养。

猕猴桃果酱

提升宝宝免疫力

材料　猕猴桃200克，水发银耳15克，鲜柠檬1片。

做法

1. 猕猴桃去皮，切丁；银耳去蒂，洗净，撕成小朵。
2. 将猕猴桃丁、鲜柠檬片、银耳放入豆浆机中，加适量饮用水，启动豆浆机，按下"果酱"键，至豆浆机提示做好后，盛入容器中，凉凉后装入密封罐里，放冰箱里冷藏保存。

　　自己制作的果酱不含防腐剂，容易变质，必须送进冰箱冷藏。

橙子
让宝宝少生病的酸甜精灵

健康关键词 ▶ 提高免疫力　抗癌排毒　止咳化痰

谈营养说健康

　　橙子营养丰富，含有胡萝卜素、B族维生素、维生素C、柠檬酸、苹果酸、果胶等营养成分。在所有的水果中，橙子所含的抗氧化物质最高，包括60多种类黄酮物质和17种胡萝卜素。类黄酮物质具有抗炎症、强化血管和抑制凝血的作用；胡萝卜素具有很强的抗氧化功效。这些成分使橙子对多种癌症的发生有抑制作用。

　　橙子中维生素C的含量丰富，能提高宝宝的免疫力，增强抗病能力；橙子还是钾元素的天然来源，并且不含钠和胆固醇；橙子所含的膳食纤维和果胶，可促进肠道蠕动，有利于清肠通便，排出体内有害物质。

　　另外，橙子皮性味甘苦而温，止咳化痰功效胜过陈皮，是治疗感冒咳嗽、食欲缺乏、胸腹胀痛的良药。

专家连线

　　1. 中医认为，口干咽燥、舌红苔少的宝宝不适合吃橙子。

　　2. 橙子一次不要多吃，橙子吃多了容易伤肝气，发虚热。

　　3. 有关研究显示，2岁前的宝宝如果能经常吃些橙子，喝些橙汁，他们在14岁前患上白血病的概率比其他儿童低。

　　4. 爸爸妈妈不要在饭前宝宝空腹时给其吃橙子，因为橙子所含的有机酸会刺激胃黏膜，不利于宝宝的消化。

　　5. 橙子最好生吃，如果烹煮，应尽量缩短加热时间，以免高温破坏其所含的营养物质。

新手妈咪学着做

★ 轻松去橙子皮

　　冬季是吃橙子的季节，大多数人在吃橙子的时候都会用刀把它切开，这时候橙子的汁液就会流出来，既浪费又不卫生，如果我们用手把橙子皮剥掉，也就避免了这个问题。

　　具体方法：把橙子放在桌面上，用手掌压住慢慢地来回揉搓一会儿，用力要均匀，多搓几下，橙子变软了，就会像橘子一样容易剥皮了，吃起来既干净又方便。

营养菜谱推荐

猕猴桃橙汁

`增强宝宝的抗病能力`

材料　猕猴桃、橙子各半个。

做法

1. 将橙子去皮、核，猕猴桃去皮，一起放入榨汁机中，加适量饮用水搅打成汁。
2. 将搅打好的混合液倒入杯中即可。

　　猕猴桃宜选绿色果肉的，不但酸甜适口，而且营养素含量高。

香蕉橙子豆浆

`富含强抗氧化物、防癌抗衰`

材料　橙子、香蕉各100克，豆浆400毫升。

做法

1. 将橙子去皮，切块；香蕉去皮，切块。
2. 将切好的橙子和香蕉跟豆浆一起放入榨汁机中搅打均匀即可。

　　豆浆宜选不带甜味的原味豆浆。

香菇
赶走宝宝身边的感冒病毒

健康关键词　预防感冒　健脑　排毒

谈营养说健康

香菇富含B族维生素、维生素D及钙、磷、铁、钾等矿物质，还含有一种一般蔬菜中缺乏的能增强人体抵抗疾病能力的麦角甾醇，对宝宝的生长发育非常有好处。

香菇中的多糖可调节人体内有免疫功能的T细胞活性，使机体的免疫力增强，有效对抗多种癌症。香菇还具有预防感冒的功效，宝宝经常食用，可以增强对感冒病毒的抵抗力。香菇所含有的膳食纤维吸水性强，能吸收胆固醇，将有害物质排出体外。

香菇还富含硒，硒对小儿神经系统的发育有不可忽视的影响，因为硒与脑中大多数的蛋白质有关。缺乏硒会影响宝宝大脑中一些重要酶的活性，使大脑结构发生改变，从而导致一些智力低下的疾病。

专家连线

1. 泡发好的香菇要放在冰箱里冷藏才不会损失营养。

2. 泡发干香菇的水不要丢弃，因为香菇中的很多营养物质都已溶在水中。

3. 市场上销售的香菇有人工干燥和日晒干燥的两种，从营养方面考虑，最好选择日晒加工的香菇，因为香菇所含的维生素D原需要接受日光的照射才能转化为能被人体吸收的维生素D。

4. 香菇比较适宜体质虚弱、饮食不香、尿频的宝宝食用。

新手妈咪学着做

★ 超省时快速泡发干香菇

香菇富含多种营养素，给宝宝做饭时加些香菇，非常有营养。但有时候妈妈们可能会遇到这种情况，心里想着要用香菇做菜，但做菜时才发现干香菇还没有泡发。别着急，快速泡发香菇妙法来帮你！

具体做法：取适量香菇放进带盖的适宜摇晃的容器里，加一点儿盐，倒入没过香菇的温水，盖上容器的盖子，上下用力摇晃2～3分钟，刚才还干硬的香菇，已经被泡发软并具有吸水性了！

营养菜谱推荐

七彩香菇

`健脾开胃、排毒`

材料　水发香菇、水发木耳各100克，
　　　青椒、红椒、熟冬笋各50克，绿
　　　豆芽5克。

调料　盐、水淀粉、植物油各适量。

做法

1. 将青椒、红椒、熟冬笋、绿豆芽、水发
   木耳洗净后都切成细丝。锅中加植物
   油上火，将上述食材放入锅中煸炒，
   加水放盐，用水淀粉勾芡成卤汁。

2. 将香菇洗净切小块，放入油锅内炒
   熟，盛出后浇入卤汁即可。

香菇猪肉水饺

`防癌、健体益智`

材料　面粉250克，水发香菇、猪肉各
　　　100克。

调料　盐6克，香油各适量。

做法

1. 香菇去蒂洗净，焯水，切米粒状；猪
   肉洗净剁成泥，加香菇粒拌匀，再加
   盐、香油和成馅。

2. 面粉加水和成冷水面团，揪剂，擀成
   饺子皮，包入馅料，入开水锅中煮熟
   即可。

妈妈烹调笔记

　　煮饺子时，在锅里放几段大葱，这
样煮出来的饺子不粘连。

木耳
宝宝消化系统的"清道夫"

健康关键词 ▶ 补血　排毒　健脑

谈营养说健康

木耳营养丰富，含有蛋白质、脂肪、碳水化合物、胡萝卜素、维生素B_1、维生素B_2、维生素C、膳食纤维、铁、钙、磷等营养物质，有"素中之荤"的美誉。

每100克木耳含铁量高达185毫克，相当于鲫鱼含铁量的70倍，婴幼儿常吃些木耳可使肌肤健康红润，还能预防缺铁性贫血。

木耳中磷的含量较多，磷对宝宝脑神经的发育有良好的滋养作用。中医认为，木耳具有强智等功效。

此外，木耳还具有清肺、祛瘀生新的功效，经常食用，能预防宝宝肺部疾病；木耳中含有一种特殊胶质，能够吸附宝宝消化系统的灰尘并将其排出。

专家连线

1. 木耳滋润，易滑肠，会加重腹泻症状，因此腹泻的宝宝不要食用。

2. 鲜木耳含有毒素，不能食用，所以切不可给宝宝吃鲜木耳，以免引起中毒。

3. 木耳经过高温烹煮后，才能提高膳食纤维及木耳多糖的溶解度，有助于吸收利用，所以木耳一定要煮熟，不要用水泡发后就直接食用。

 新手妈咪学着做

★ 泡出松软朵大的木耳

木耳的泡发和清洗很重要，泡发充分的木耳更好吃，清洗干净的木耳才不易有残留的沙粒，以免硌伤宝宝娇嫩的牙齿。

具体做法：取适量干木耳放入盛器中，倒入没过木耳的淘米水，浸泡6~8小时，可泡发出松软朵大的木耳，清洗木耳时在水中加少许淀粉浸泡一会儿再洗，能充分洗净木耳上的脏污！

营养菜谱推荐

木耳炒肉

改善缺铁性贫血

材料　水发木耳100克，瘦肉100克。

调料　小葱段少许，花生油、盐、水淀
　　　粉各适量。

做法

1. 木耳洗净，切片；瘦肉洗净，切片，
　　加少许水淀粉拌匀。

2. 锅中加花生油烧至八成热，下入肉片
　　滑炒至变色盛出。

3. 锅内留少许油，放入小葱段、木耳炒
　　至快熟时，加入肉片，调入盐，中火
　　炒匀，用水淀粉勾芡即可。

核桃木耳大枣粥

调理血虚、血小板缺少

材料　大米30克，熟核桃仁15克，水发
　　　木耳10克，大枣3个。

做法

1. 大米淘洗干净；熟核桃仁碾碎；水发
　　木耳去蒂，洗净，切碎；大枣洗净，
　　去核，切碎。

2. 锅置火上，倒入上述食材，加入足量
　　的清水，大火烧开后转小火煮成米粒
　　熟烂的稠粥即可。

妈妈们一定要知道的事

　　木耳富含具有清洁血液和解毒功效的
生物化学物质，有利于宝宝的身体健康。

海带
宝宝摄取钙、铁的宝库

健康关键词 ▶ 增强记忆力　防辐射　改善缺铁性贫血

谈营养说健康

海带富含碘、钙、磷、硒等宝宝必需的微量元素及多种维生素，对宝宝的生长发育很有益处。

海带的含碘量较高，碘是人体不可缺少的营养素，尤其是宝宝生长发育与智力发育不可缺少的。另外，海带还富含胆碱，可以帮助宝宝增强记忆力，有助于认知新事物。

海带所含的胶质能促进体内的放射性物质随同大便排出体外，从而减少放射性物质在宝宝体内的积聚，也减少了放射性疾病的发生。

每100克干海带中，含钙348毫克，含铁高达4.7毫克，而海带正是人类摄取钙、铁的宝库。丰富的钙有利于宝宝骨骼和牙齿的发育。海带能补铁补血，吃海带是改善宝宝缺铁性贫血的有效方法。

专家连线

1. 海带性寒，脾胃虚寒的宝宝不宜食用。

2. 吃海带后不要马上喝茶，也不要立刻吃酸涩的水果，不然会阻碍宝宝对海带中铁的吸收。

3. 干海带食用前需要用清水泡发，但如果浸泡的时间过长，会使海带中的碘和甘露醇等营养物质大量流失。

 新手妈咪学着做

★ 把海带烧得酥烂的窍门

海带富含褐藻胶，不容易烧制出酥烂的口感。营养如此丰富的食物，给宝宝吃又怕宝宝不好消化，这大概是许多新妈妈的顾虑。其实，只要在烹制海带的时候加入一样神秘材料，就能把海带烧得口感酥烂，宝宝也会爱吃。

具体做法：在煮海带时加少许食用碱或小苏打，但不可过多，煮软后，将海带放在凉水中泡凉，清洗干净，然后捞出，或炒或拌或做汤，怎么吃口感都软烂！

营养菜谱推荐

肉末海带面

补铁、防治宝宝便秘

材料　猪肉末100克，海带丝50克，面
　　　条200克。

调料　盐、酱油、葱末、植物油各适量。

做法

1. 海带丝洗净；猪肉末加酱油、葱末拌
　匀。

2. 锅中加水煮沸，放入面条用中火煮
　熟，捞出沥水。

3. 另取一锅置火上，倒植物油烧热，
　下入肉末用大火煸炒片刻，加适量
　清水、海带丝转小火同煮10分钟，
　再放入煮好的面条，加盐调味即
　可。

海带冬瓜汤

清热化湿

材料　冬瓜200克，干海带30克。

调料　盐3克，葱段10克，香油适量。

做法

1. 将冬瓜洗净，去皮去瓤，切块；海
　带泡软洗净，切丝。

2. 锅置火上，倒适量清水，放入冬
　瓜、海带煮熟，出锅前撒上葱段，放
　少许盐调味，淋上香油即可。

妈妈烹调笔记

　　干海带的泡发时间最多不超过6小
时，以免其水溶性的营养物质损失过多。

豆腐
蛋白质绝佳补充剂

健康关键词 ▶ 保护肝脏　增强免疫力　解毒

谈营养说健康

豆腐中含有大量的蛋白质，柔软且容易被宝宝消化吸收，能促进宝宝生长，是宝宝的蛋白质绝佳补充剂。豆腐还含有动物性食物缺乏的卵磷脂和不饱和脂肪酸等，卵磷脂和脂肪酸都对宝宝的智力发育有益。

豆腐富含钙质，每100克豆腐的含钙量为105～113毫克，对宝宝骨骼的发育很有益处。豆腐还能维持正常的心脏功能和血压，并预防多种癌症。

宝宝常吃些豆腐可以保护肝脏，促进身体代谢，增强免疫力，并且有解毒作用。

专家连线

1. 豆腐单独烹调，对其所含钙质的吸收利用率不高，宜搭配鱼肉等富含维生素D的食物一起吃，可大大提高其营养价值。

2. 市场上出售的日本豆腐虽然质感似豆腐，却不含任何豆类成分，制作过程中还添加了一些食品添加剂，因此尽量不要给宝宝食用。

3. 经常吃豆腐可促进体内碘的排泄，容易引起碘的缺乏，可适量吃些海带、紫菜等富含碘的食物。

4. 一次不宜给宝宝喂食过多的豆腐，豆腐食用过多不但会阻碍宝宝对铁的吸收，还会出现腹胀、腹泻等不适症状。

新手妈咪学着做

☆ 简单几步自制嫩滑豆腐脑

豆腐脑口感软嫩，很适合宝宝食用。自己做的豆腐脑干净、安全，吃得放心，而且想吃了就做，非常方便。其做法也很简单，不会做饭的妈妈也能做成功哦！

具体做法：取500毫升自制的已过滤掉豆渣的热豆浆倒入大碗中，待豆浆冷却到70℃～80℃时，加入葡萄糖酸内酯（网上有售）搅拌均匀，五分钟即成豆腐脑。接下来妈妈们要加糖或制作咸味的卤汁来给豆腐脑调味就都可以了！

营养菜谱推荐

豆腐羹

材料　豆腐1块，白粥1碗，青菜1棵。

调料　盐、香油、生抽各少许。

做法

1. 将白粥放到小奶锅中，加热至沸，转为小火。
2. 用勺子将豆腐捣碎，加入粥中。
3. 将青菜洗净，剁碎，加一点点盐，煮沸后关火，滴上少许香油和生抽调味即可。

妈妈烹调笔记

不宜选用菠菜等草酸含量高的青菜，会影响豆腐中钙的吸收。

银鱼酱豆腐

材料　豆腐100克，小银鱼30克。

调料　盐2克，酱油10克，香油少许，葱花、洋葱末各3克。

做法

1. 豆腐切成长块，撒盐，滤水；小银鱼用开水烫一下，去盐分，沥水。
2. 将豆腐、小银鱼放入锅中，加入酱油、葱花、洋葱末和清水，用小火加热，加热时要将热汤浇在豆腐上，使其上下均匀受热，煮好后淋上香油，盛在盘中即可。

妈妈烹调笔记

小银鱼也可以用虾皮代替。

牛奶
宝宝最好的钙质来源

谈营养说健康

牛奶富含碳水化合物、蛋白质、脂肪、钙、铁等多种营养成分。此外，牛奶中磷、钾、镁等多种矿物质的搭配也十分合理。除了不含有膳食纤维，牛奶几乎含有宝宝所需的各种营养物质。

牛奶中的钙含量高，是人体最好的钙质来源，而且钙和磷的比例非常适当，利于钙的吸收。

牛奶所含的蛋白质包括酪蛋白、少量的乳清蛋白，品质非常好。而且蛋白质与热量之比很完美，不会让宝宝在补充营养的同时摄入过多的热量。牛奶还含有宝宝生长所需要的全部氨基酸，是宝宝一生不可缺少的营养伴侣。

专家连线

1. 煮牛奶的时候，牛奶表层会出现一层奶皮，很多妈妈在喂宝宝的时候都将它去掉。这是不对的，因为奶皮中含有脂肪和丰富的维生素A，对宝宝的健康，尤其是眼睛很有好处。

2. 不宜在喂给宝宝喝的牛奶中加入果汁，因为牛奶中的蛋白质遇到果汁会形成凝胶物质，很不容易消化，应该将喂食果汁的时间与喂牛奶的时间隔开，一般间隔1小时就可以了。

3. 纯牛奶不如母乳好消化，未满周岁的宝宝消化吸收能力弱，不宜喝纯牛奶，如果没有母乳要给宝宝喂配方奶。

新手妈咪学着做

★ 不丢营养的牛奶加热法

牛奶应加热后再喂给宝宝饮用，凉牛奶容易刺激宝宝的胃黏膜，而且温热的牛奶宝宝也更爱喝。加热牛奶看似简单，如果加热方法不得当就会破坏牛奶中的营养。

1. 用水浸泡加热：将牛奶放入50℃左右的温水中浸泡5～10分钟即可，热水温度不宜过高。

2. 微波炉加热：新鲜盒装奶必须先打开口，瓶装奶要先揭掉铝盖，加热数十秒即可，但该方法不适合无菌包奶，因无菌奶的复合包装材料中有铝膜层。

营养菜谱推荐

蔬菜牛奶羹

补钙、促进宝宝生长发育

材料 西蓝花50克，芥菜50克，牛奶
200克。

做法

1. 将西蓝花和芥菜洗净，切成小块，放入榨汁机榨成汁。
2. 取洁净的奶锅一只，将牛奶和榨出来的蔬菜汁混合倒入，煮开即可。

妈妈烹调笔记

也可以用油菜、小白菜来做这道蔬菜羹。

酸奶牛肉球

滋养脾胃、壮骨

材料 牛肉馅100克，酸奶100毫升，洋葱50克。

调料 盐2克，植物油适量。

做法

1. 洋葱切末；牛肉馅加洋葱末、1克盐搅匀，搓成圆球待用。
2. 锅置火上，倒植物油烧热，放牛肉球用小火煎熟。
3. 酸奶中加1克盐拌匀，淋在牛肉球上即可。

妈妈们一定要知道的事

对牛奶过敏的宝宝也不能喝酸奶。

核桃
宝宝的"益智果"

健康关键词 ▶ 增强记忆力 健胃 补血 镇咳平喘

谈营养说健康

核桃仁的外形不仅非常类似于人脑的形状，而且核桃仁的营养结构与人脑的需求极为吻合，并且容易被大脑吸收。

核桃中的卵磷脂可以提高大脑活力，加快脑神经细胞之间的信息传递，增强记忆。

核桃富含B族维生素和维生素E。B族维生素参与蛋白质、脂肪、碳水化合物的代谢，使脑细胞的兴奋和抑制处于平衡状态。维生素E可以增强记忆力，强健大脑。

在核桃的蛋白质中含有一种对人体极为有益的物质——赖氨酸，它是人体所必需的8种氨基酸之一，也是健脑的重要物质，有助于提升宝宝的智力，增强记忆力。

核桃的药用价值也较高，常吃核桃，能健胃、补血、润肺、安神、镇咳、平喘。

专家连线

1. 核桃含有较多的油脂，一次不宜让宝宝多吃，以免引起消化不良，损伤脾胃，宝宝每天吃1个核桃就足够了，不要吃得太多。

2. 核桃火气大，含油脂多，吃多了容易上火、恶心，上火、腹泻的宝宝暂时不宜吃核桃。

3. 核桃仁表面的褐色薄皮有苦味，有些妈妈会把它剥掉，这样就会损失掉一部分营养，所以不要剥掉这层薄皮。

4. 1岁以内的宝宝咀嚼功能还没有发育成熟，妈妈可以把核桃打磨成粉状，添加到粥或配方奶中，做成核桃粥、核桃奶来给宝宝食用。

新手妈咪学着做

★ 核桃去壳有窍门

核桃去壳很费劲，我们一般都是砸核桃取仁，但用这种办法很难获得完整的核桃仁，通常会有些核桃仁还迸溅得到处都是，造成浪费。其实，要想剥出完整的核桃仁并不难！

具体做法：将核桃隔水用大火蒸8分钟，取出后马上放进冷水中浸泡3～5分钟，取出后你会发现，核桃壳表面出现了一条条裂纹，只要沿着这些裂纹把壳掰开，就能取出完整的核桃仁了！

营养菜谱推荐

核桃奶酪

材料 低脂鲜奶150毫升，明胶4克，核桃2个。

做法

1. 将明胶溶入50毫升的热开水中。

2. 将低脂鲜奶加热至70℃。

3. 将溶好的明胶加入加热后的低脂鲜奶搅拌均匀，静置放凉结冻。

4. 食用前将核桃切碎，放在奶酪上即可。

妈妈烹调笔记

核桃仁放进保鲜袋中，排出袋内空气，扎紧袋口，用擀面杖可以轻松将其擀碎。

核桃鸡丁

材料 鸡胸肉100克，熟核桃仁30克，西蓝花50克。

调料 枸杞、盐、植物油各适量。

做法

1. 鸡胸肉洗净，切丁，加少许盐，拌匀后腌15分钟左右；西蓝花洗净切块，与枸杞一起用开水焯烫备用。

2. 炒锅内加少量植物油，将腌渍后的鸡胸肉丁炒熟，放入核桃仁、西蓝花、枸杞，加盐炒匀即可。

妈妈烹调笔记

鸡丁加入调料腌渍，炒熟后口感会很嫩，适合宝宝食用。

红枣
味道甜美的"天然维生素丸"

健康关键词　预防贫血　抗过敏　健脑　增强免疫力

谈营养说健康

红枣有"天然维生素丸"的美誉，营养丰富，味道甜，含蛋白质、脂肪、糖类、维生素和矿物质等营养成分，是宝宝理想的保健食品。

红枣中所含的铁是人体造血所必需的成分，其对预防贫血有优秀的表现，是预防宝宝贫血的理想食物。宝宝常吃些红枣还能增强免疫力。

红枣中富含叶酸，叶酸参与血细胞的生成，促进宝宝神经系统的发育。而且红枣中含有微量元素锌，有利于宝宝大脑的发育，促进宝宝的智力发展。

红枣含有的环磷酸腺苷有扩张血管的作用，可增强心肌收缩力，有利于宝宝的心脏健康。红枣中的环磷酸腺苷还能抗过敏，有过敏症状的宝宝可适量多吃些红枣。

专家连线

1. 宝宝一次不宜吃红枣过多，不然会出现便秘、腹胀等不适感。

2. 蜜枣不适合宝宝食用，因为蜜枣含糖量非常高，并且制作过程中会用硫黄高温熏蒸杀毒，含有的维生素被大量破坏。

3. 宝宝服用退热药时不要食用红枣。服用退热药物同时食用含糖量高的食物容易形成不溶性的复合体，减少药物初期的吸收速度。枣属于含糖量高的食物，所以不能与退热药物同食。

新手妈咪学着做

★ 自制细滑去皮枣泥

给宝宝吃的枣泥一定要去净枣皮，不然宝宝不易消化。很多妈妈都说做枣泥不好去枣皮，其实只要用对了工具和制作方法，就能轻松搞定！

具体做法：红枣洗净，用清水浸泡2小时，挖去枣核，放到锅中，加入没过红枣的清水煮熟，取一个网筛，戴上一次性手套，抓适量煮好的红枣放到网筛上用勺背碾压，把枣肉从网筛上面挤到下面，最终网筛的上面就剩下枣皮，然后把粘在网筛下面的枣泥刮到碗里，细滑的去皮枣泥就做好了！

营养菜谱推荐

红枣花卷

健脾养胃、抗过敏

材料　面粉150克，红枣100克。

材料　发酵粉10克，植物油适量。

做法

1. 面粉、发酵粉加水和成面团，发酵好后揉透搓成长条，揪成剂子，擀成长片，刷一层植物油。

2. 在面片两头分别放两颗枣，卷起，入锅蒸熟即可。

妈妈烹调笔记

　　红枣最好去核，以免宝宝吃的时候被卡住。

红枣粟米羹

健胃止呕、宁心安神

材料　粟米羹罐头1盒子，红枣4个，鸡蛋1个。

调料　水淀粉适量。

做法

1. 红枣洗净，去核；鸡蛋洗净，磕入碗中，打散。

2. 锅内倒水煮沸，将粟米羹加入，煮沸，撇去浮沫，加入红枣略煮，淋入打散的鸡蛋液，随即加水淀粉勾芡即可。

芝麻
宝宝的天然护肤品

健康关键词 ▶ 补钙 护肤护发 调理便秘

谈营养说健康

芝麻的含钙量比蔬菜和豆类都高很多，每100克芝麻含钙量约为870毫克，对宝宝骨骼与牙齿的发育大有益处，还能预防佝偻病，纠正偏食厌食。

芝麻具有养血的功效，并能促进血液循环，维护宝宝皮肤的弹性。

常吃些芝麻对宝宝的大脑及智力发育有好处，同时也能预防并减轻宝宝的过敏症状，还能让宝宝拥有乌黑的头发！

芝麻中含有的芝麻素具有非常好的抗氧化作用，能清除体内的自由基，可以起到保护宝宝心脏和肝脏的作用。

芝麻富含油脂，能润肠通便，对防治宝宝便秘有益。

专家连线

1. 吃整粒芝麻的方式不是很科学，因为芝麻仁外面有一层稍硬的膜，只有把它碾碎，其中的营养素才能被人体吸收。

2. 芝麻分为黑芝麻和白芝麻两种：白芝麻含油量高，色泽洁白，子粒饱满，种皮薄，口感好，后味香醇，食用以白芝麻为好；黑芝麻富含脂肪和蛋白质，还含有碳水化合物、维生素E、卵磷脂、钙、铁、铬等营养成分，补益用黑芝麻为好。

 新手妈咪学着做

★ 自制宝宝好吸收的黑芝麻糊

芝麻糊味道香浓又营养，很适合宝宝食用，但市售的很多黑芝麻糊在加工过程中，或多或少都会加一些添加剂，而且大都是按成人的生理特点设计生产的，并不完全适合宝宝，妈妈们可以在家自制些黑芝麻糊，不但方便，而且安全又卫生！只要家里有一台带制作米糊功能的豆浆机就能轻松搞定！

具体做法：取50克糯米淘洗干净，用清水浸泡2小时，与150克炒熟的黑芝麻一同倒入豆浆机中，加入500毫升清水，按下"制作米糊"键，等上约20分钟，芝麻糊就做好了！

营养菜谱推荐

蜜奶芝麻羹

补虚、润肠、解毒

材料　蜂蜜15克，牛奶100毫升，芝麻
　　　10克。

做法

1. 芝麻洗净，晾干，用小火烤熟，研成
　 细末。
2. 牛奶煮沸，将芝麻末放入调匀，凉至
　 温热，调入蜂蜜即可。

　　牛奶煮沸后立即离火，以免加热时
间过长而使营养流失。

芝麻小白菜

补钙、清热、通利肠胃

材料　小白菜100克，熟白芝麻5克。
调料　盐、植物油各适量。

做法

1. 小白菜择洗干净，切小段。
2. 炒锅置火上烧热，倒入植物油，放入
　 小白菜炒熟，加适量盐和白芝麻翻炒
　 均匀即可。

　　小白菜急火快炒更能保存其营养。

PART 5

聪明宝宝特效功能食谱
配餐科学身体棒

聪明宝宝
不能缺少的营养素

蛋白质

功能解析	增强免疫力，有助于宝宝身体新组织的生长和受损细胞的修复，促进新陈代谢，为身体补充热量
食物来源	富含蛋白质的食物有：牛奶、畜肉（牛肉、羊肉、猪肉）、禽肉（鸡、鸭、鹅、鹌鹑）、蛋（鸡蛋、鸭蛋、鹌鹑蛋）、水产（鱼、虾、蟹）、豆类（黄豆、青豆和黑豆）等；此外，像芝麻、瓜子、核桃、杏仁、松子等坚果类蛋白质的含量也较高
缺乏表现	生长发育迟缓，体重减轻，身材矮小，容易疲劳，抵抗力降低，贫血，病后康复缓慢，智力下降

脂肪

功能解析	为宝宝身体提供热量，供应皮肤生长所需的脂肪酸，维持正常体温，外力冲击时保护内脏；促进维生素A、维生素D、维生素E、维生素K等脂溶性维生素的吸收；间接帮助宝宝的身体组织运用钙，有助于宝宝牙齿和骨骼的发育
食物来源	猪肉、禽蛋、鱼、奶油、乳酪、芝麻、花生、葵花子、玉米、食用油等都是脂肪含量丰富的食物
缺乏表现	免疫力低，容易感冒；精力不足；记忆力不强；视力较差；经常感到口渴，出汗较多；皮肤干燥，头发干枯，头皮屑多，甚至患上湿疹；极度缺乏时体重不增加，身体消瘦，生长相对缓慢

碳水化合物

功能解析	能为宝宝的身体提供能量，是最主要也是最经济的能量来源。宝宝的神经、肌肉、四肢以及内脏等内外部器官的发育与活动都必须得到碳水化合物的大力支持
食物来源	含有碳水化合物最多的食物是谷类和薯类。面粉、大米、糙米、坚果、蔬菜（胡萝卜、红薯）、水果（甘蔗、甜瓜、西瓜、香蕉、葡萄）等，这些都是碳水化合物很好的食物来源
缺乏表现	精神不振，头晕，全身无力，疲乏，血糖含量降低，脑功能障碍；体温下降，畏寒怕冷；生长发育迟缓，体重减轻；伴有便秘的症状

维生素A

功能解析	增强免疫力；维持神经系统的正常生理功能；维持正常视力，降低夜盲症的发病率；促进牙齿和骨骼的正常生长；修补受损组织，使皮肤表面光滑柔软，有助于血液的形成；促进蛋白质的消化和分解
食物来源	猪肝、鸡肝等动物肝脏，鱿鱼、鳝鱼等海产品，此外，还有鱼肝油、蛋类、牛奶等
缺乏表现	食欲降低，生长迟缓；皮肤粗糙、干涩，浑身起小疙瘩，好似鸡皮；牙齿和骨骼软化；头发干枯、稀疏且没有光泽；眼睛干涩，夜间视力减退；指甲变脆，形状改变

B族维生素

功能解析	能提高宝宝的智力，促进宝宝有正常的食欲，有助于防止宝宝因晕车、晕船或晕飞机而发生呕吐，帮助消化，保持神经系统、肌肉和心脏的正常功能
食物来源	糙米、小米、绿叶蔬菜、豆类、牛奶、瘦肉、动物肝脏、鱼肉、酵母、蛋黄、坚果、香蕉等
缺乏表现	容易疲劳，烦躁易怒，情绪不稳定；胃口不好，消化不良，有时会吐奶；口腔黏膜溃疡，嘴角破裂且疼痛，舌头发红疼痛；精神不振，食欲下降；毛发稀黄，容易脱落

维生素C

功能解析	增强免疫力；促进宝宝牙齿和骨骼的生长，防止牙齿出血；促进骨胶原的生物合成，利于伤口更快愈合；能对抗坏血病，降低慢性疾病的发病率，并能减轻感冒症状；降低过敏物质对宝宝身体的影响；帮助宝宝更好地吸收铁、钙及叶酸
食物来源	维生素C广泛存在于新鲜水果和蔬菜中。此外，豆类食物缺乏维生素C，然而一旦豆子发芽，新芽中就富含维生素C了，如绿豆芽、黄豆芽、豌豆苗等
缺乏表现	容易感冒；发育迟缓；骨骼畸形，易骨折；身体虚弱，面色苍白，呼吸急促；体重减轻，食欲缺乏，消化不良；有出血倾向，如牙龈肿胀出血、鼻出血、皮下出血等，伤口不易愈合

钙

功能解析	维持神经、肌肉的正常兴奋性；维持正常的血压；构成牙齿、骨骼的主要成分，能预防骨质疏松症和骨折；可调节心跳节律，控制炎症和水肿；能调节人体的激素水平；降低患肠癌的概率
食物来源	食物中的钙有30%来自蔬菜，如小白菜、西蓝花等，但蔬菜中的钙较难吸收；20%的钙来自容易吸收的奶及奶制品，如牛奶、奶酪等；剩下的50%的钙来自水产类、豆类、蛋类、坚果类等食品，如豆腐、黄豆、小鱼干、虾米、连骨吃的鱼、海带、紫菜、黑芝麻、花生等
缺乏表现	神经紧张，脾气暴躁，烦躁不安；肌肉疼痛，骨质疏松；多汗，尤其是入睡后头部出汗；夜里常突然惊醒，哭泣不止。轻微缺乏时会表现为关节痛、心跳过缓、蛀牙、发育不良、手脚痉挛或抽搐等，严重缺乏时可引起小儿佝偻病

铁

功能解析	制造血红素；将氧气输送到人体的每一部分，供人体呼吸氧化，消化食物，获得营养，提供能量；促进宝宝生长发育，提高免疫力；预防缺铁性贫血，防止疲劳
食物来源	动物内脏、瘦肉、鸡肉、蛋黄、虾、海带、紫菜、蛤蜊肉、芝麻、红枣、木耳、红糖、黄豆及菠菜等绿叶蔬菜都是铁的不错食物来源。其中肉类中的铁较易吸收，蔬菜中的铁较难吸收
缺乏表现	疲乏无力，面色苍白；好动，易怒，兴奋，烦躁；易患缺铁性贫血；皮肤干燥、角化，指甲易碎；毛发无光泽、易脱落、易折断

锌

功能解析	促进宝宝生长发育，促进宝宝的智力发育，促进宝宝正常的性发育，维持宝宝正常的味觉功能及食欲，促进伤口的愈合，提高免疫力
食物来源	动物性食物的含锌量比植物性食物的含锌量更多。牛肉、猪肉、猪肝、禽肉、鱼、虾、海带、牡蛎、蛏子、扇贝、香菇、口蘑、银耳、黄花菜、花生、核桃、栗子、豆类等食物中都含有锌
缺乏表现	生长发育缓慢，身材矮小，性发育迟滞；免疫力降低，伤口愈合缓慢；容易紧张、疲倦，警觉性降低；食欲差，有异食癖；指甲上有白斑，指甲、头发无光泽、易断；皮肤色素沉着，有横纹

维生素E

功能解析	促进宝宝牙齿健全，有利于宝宝骨骼的发育；提高宝宝对磷和钙的吸收；降低患缺血性心脏病的概率
食物来源	维生素E的主要来源为植物油，如大豆油、麦胚油、玉米油、花生油、芝麻油等。花生仁、核桃仁、葵花子、南瓜子、榛子、松子等坚果中维生素E的含量也很丰富。动物性食物以蛋黄中的维生素E的含量最高，畜肉、鸡、鳝鱼、鱿鱼、牛奶、猪肝等维生素E的含量也很丰富
缺乏表现	生长迟缓，皮肤粗糙、干燥、缺少光泽、容易脱屑，轻度溶血性贫血和脊髓小脑病

钾

功能解析	有助于维持神经健康，协助肌肉正常收缩；参与细胞内蛋白质和糖的代谢；和钠一起作用，维持人体内水分的平衡和心律的正常；可帮助输送氧气到脑部，增进思路的清晰
食物来源	畜肉、禽肉、鱼类及各种蔬菜、水果都是钾元素的良好来源。含钾比较丰富的食物有：柑橘类水果、香蕉、香瓜、番茄、芹菜、葵花子、土豆等
缺乏表现	肌肉软弱无力、麻木；体力减弱，容易疲劳，反应迟钝；易怒，烦躁；心跳加速，心跳不规律，心电图异常

补锌食谱

补锌明星食材大盘点

牡蛎	青鱼	猪瘦肉	猪肝	鸡蛋	螃蟹	花生	核桃	杏仁	芝麻
9.39	0.96	4.28	5.78	1.0	3.32	1.79	2.17	3.64	2.82

注：每100克含锌量（单位：毫克）

哪些宝宝容易缺锌

1. 早产儿：如果宝宝不能在母体内孕育足够的时间而提前出生，就容易错过在母体内储备锌元素的黄金时间(一般是在孕末期的最后1个月)。

2. 非母乳喂养的宝宝：母乳中含锌量大大超过普通配方奶，更重要的是，其吸收率高达42%，这是任何非母乳食品都不能比的。

3. 过分偏食的宝宝：有些宝宝从小拒绝吃任何肉类、蛋类、奶类及其制品，这样非常容易缺锌。

4. 过分好动的宝宝：不少宝宝尤其是男宝宝，过分好动，经常出汗甚至大汗淋漓，而汗水也是人体排锌的渠道之一。宝宝如果一天都大汗淋漓，可从汗水中丢失1.3毫克锌。

动物性食品含锌量高

动物性食品含锌量普遍较多，每100克动物性食品中含锌3～5毫克，并且动物性食品蛋白质分解后所产生的氨基酸还能促进锌的吸收。植物性食品中含锌较少，每100克植物性食品中大约含锌1毫克。各种植物性食物中含锌量比较高的有豆类、花生、小米、萝卜、大白菜等。

钙与铁可促进锌的吸收

锌必须在与其他营养素达到平衡状态时才能发挥它在人体中的作用。单纯补锌，不仅难以被人体吸收和发挥功效，还会破坏人体平衡，对人体造成危害。比如单纯补锌，会影响人体对铜的吸收，形成缺铜性贫血。补锌的同时，再补充钙与铁两种营养素，可促进锌的吸收与利用，因为这三种元素可协同作用。另外，有些营养素也会干扰补锌的效果，比如维生素C会与锌结合成不溶性复合物，不利于锌的吸收。

补锌食谱推荐

牡蛎南瓜羹

`健脑、补血、助消化`

材料 南瓜400克，鲜牡蛎250克。

调料 盐、葱各适量。

做法

1. 南瓜去皮、瓤，洗净，切成细丝；牡蛎洗净，取肉；葱洗净，切丝。

2. 汤锅置火上，加入适量清水，放入南瓜丝、牡蛎肉、葱丝，加入盐调味，大火烧沸，改小火煮，盖上盖熬至成羹状关火即可。

番茄鳜鱼泥

`补气血、益脾胃`

材料 番茄50克，鳜鱼150克。

调料 盐2克，葱花3克，植物油适量。

做法

1. 番茄洗净，放沸水中烫一下，去皮，切块；鳜鱼洗净，去除内脏、骨和刺，剁成鱼泥。

2. 锅置火上，倒植物油烧热，爆香葱花，再放入番茄煸炒。

3. 加适量清水煮沸，加入鳜鱼泥一起烧炖，加盐调味，撒葱花即可。

`妈妈们一定要知道的事`

鳜鱼肉非常适合饮食不香、营养不良的宝宝食用。

补钙食谱

补钙明星食材大盘点

鱼松	虾皮	奶粉	虾米	北豆腐	奶酪	海带	基围虾	紫菜	牛奶
991	991	882	882	138	590	348	83	264	120

注：每100克含钙量（单位：毫克）

镁可促进钙的吸收

钙与镁如同一对好搭档，当两者的比例为2∶1时，最利于钙的吸收与利用。遗憾的是，妈妈们往往注重补钙，却忘了给宝宝补镁，导致宝宝体内镁元素不足，进而影响钙的吸收。镁在以下食物中较多，如坚果（杏仁、腰果和花生）、黄豆、瓜子、谷物（特别是小米和大麦）、海产品（金枪鱼、青鱼、小虾、龙虾）等。

蛋白质摄入过量会"排挤"钙

大鱼大肉富含蛋白质，如果经常给宝宝吃大鱼大肉，会影响宝宝对钙的吸收。实验显示：每天摄入80克蛋白质，体内将流失37毫克的钙；如果每天蛋白质的摄入量增加到240克，即使额外补充1400毫克钙，也会导致体内有137毫克的钙流失，表明额外补钙也不能阻止高蛋白所引起的钙流失。因此，妈妈们不要每天都给宝宝吃大鱼大肉，打破了食物的酸碱平衡，无论怎么补钙也于事无补。

常晒太阳无须额外补充维生素D

有些妈妈为了促进钙的吸收，额外给宝宝补充维生素D，其实没有必要。因为宝宝自身含有的维生素D是足够的，但要经过日晒才能转化为利于钙合成的活化维生素D，沐浴阳光所合成的活化维生素D，足以满足宝宝身体数日的需求。所以只要每天抽出一小段时间带宝宝进行户外活动，既保证了日晒，又进行了锻炼，而且运动本身也能够增加钙的吸收。

补钙食谱推荐

虾皮丝瓜汤

理气开胃、解毒通便

材料　丝瓜100克，虾皮10克，紫菜5克。
调料　盐2克，香油和植物油各少许。
做法
1. 丝瓜去皮洗净，切成片。
2. 锅置火上，放植物油烧热后倒入丝瓜片煸炒，加适量盐、水，煮沸后加入虾皮、紫菜，小火煮2分钟左右，滴入香油，盛入碗内即可。

妈妈烹调笔记

丝瓜汁水丰富，宜现切现做，以免营养成分随汁水流走。

海米冬瓜

清热祛湿、壮骨

材料　冬瓜150克，海米15克。
调料　盐2克，葱末3克，水淀粉10克，植物油适量。
做法
1. 将冬瓜去皮、瓤、子，洗净，切成片；将海米用温水泡发。
2. 锅内倒植物油烧热，炒香葱末，加适量水、海米和冬瓜片大火烧开，转小火焖烧至冬瓜熟透，加盐，用水淀粉勾芡，炒匀即可。

妈妈烹调笔记

海米泡发前先用清水冲洗一下，然后放入温水中浸泡至软即可。

补钙食谱推荐

海鲜炖豆腐

生津、消肿、益气

材料 鲜虾仁100克，鱼肉片50克，嫩豆腐200克，青菜心100克。

调料 植物油、盐、葱各适量。

做法

1. 将虾仁、鱼肉片洗净；青菜心洗净，切段；嫩豆腐洗净，切成小块；葱洗净，切末。

2. 锅置火上，放入植物油烧热，下葱末爆锅，再下入青菜心稍炒，放入虾仁、鱼肉片、豆腐，加适量清水稍炖一会儿，加入盐调味即可。

玛瑙豆腐

清肺火、消积食

材料 嫩豆腐200克，咸鸭蛋1个。

调料 香油适量。

做法

1. 嫩豆腐洗净，放入沸水锅中稍烫一下后捞出，沥干水分，装入盘内。

2. 咸鸭蛋放入锅内，煮熟后剥去蛋壳，用刀切成粗末。

3. 将鸭蛋末放在豆腐上面，然后加香油，稍拌均匀即可。

妈妈烹调笔记

因为加入了1个咸鸭蛋，因此可以不加盐。

补钙食谱推荐

核桃花生牛奶羹

增强记忆、滋润皮肤

材料 核桃仁、花生米各50克，牛奶50毫升。

做法

1. 将核桃仁、花生米炒熟，研碎。
2. 锅置火上，倒入牛奶大火煮沸后，下入核桃碎、花生碎，稍煮1分钟即可。

妈妈烹调笔记

熟核桃仁和花生米装入保鲜袋中，排出袋中的空气，扎紧袋口，用擀面杖可以轻松擀碎。

海带炖肉

防治缺铁性贫血

材料 瘦肉200克，水发海带200克。
调料 酱油、盐、大葱、植物油各适量。
做法

1. 将瘦肉洗净，切成小块；大葱洗净，切成段。
2. 海带洗净，用开水煮10分钟后捞出，切成小块。
3. 锅置火上，倒入植物油烧热，放入瘦肉块、葱段煸炒出香味，加酱油、盐略炒。
4. 加水（以浸过肉为度），大火烧开，转小火炖至八成烂，加海带，同炖10分钟左右，海带入味即可。

补铁食谱

补铁明星食材大盘点

干枣	猪肝	瘦牛肉	鸡蛋黄	鸭血	黄豆及其制品	芝麻酱	菠菜	木耳	蘑菇
2.3	22.6	2.8	10.5	30.5	11	9.8	2.9	97.4	6.3

注：每100克含铁量（单位：毫克）

含铁食物要与含维生素C的食物同吃

动物心脏、动物肝脏、动物肾脏、瘦肉、鸡肉、蛋黄、黑鲤鱼、虾、海带、紫菜、蛤蜊肉、南瓜子、芝麻、红枣、木耳、红糖、扁豆、黄豆、菠菜等绿叶蔬菜都是铁的不错食物来源。

其中肉类及猪肝内的铁较易被吸收，蔬菜中的铁较难吸收。但动、植物食品混合吃，铁的吸收率可以增加1倍，因为植物食品含有维生素C，能促进铁的吸收。

另外，妈妈们宜用铁锅、铁铲等铁制炊具给宝宝烹调食物，这样有助于宝宝对铁元素的吸收。

妈妈们还要注意，在给宝宝纠正贫血的过程中，切不可为了给宝宝增加营养而过多地让其饮用牛奶，因为牛奶含磷较高，会影响铁在体内的吸收，加重贫血症状。

远离含草酸食物

虽然菠菜中含铁量较高，但其所含的铁很难被小肠吸收，而且菠菜中还含有一种叫草酸的物质，很容易与铁作用形成沉淀，使铁不能被人体利用，从而失去补血的作用。菠菜中的草酸还易与钙结合成不易溶解的草酸钙，影响宝宝对钙质的吸收。

如果无法避免，需要尽可能与海带、蔬菜、水果等碱性食物一同食用，以促使草酸钙溶解排出，防止结石。

给宝宝补血最好选择含铁丰富的动物性食物，如瘦肉、动物血、动物肝脏等。

除了菠菜，其他含有草酸的常见食物有：苋菜、空心菜、芥菜、韭菜、竹笋、橘子、番茄、芦笋、油菜、草莓、核桃、杏仁、腰果等。

补铁食谱推荐

木耳炒肉末

预防缺铁性贫血

材料 干木耳5克，肉末30克。

调料 盐、植物油、葱丝、酱油、水淀粉各适量。

做法

1. 木耳用温水泡发，去蒂，洗净，撕成小朵。

2. 锅置火上，倒植物油烧热，炒香葱丝，放入肉末炒至颜色变白，淋入酱油，放入木耳翻炒，加水淀粉和适量水炒至肉末熟后，加盐翻炒均匀即可。

枣泥羹

抗过敏、健脑、护肝

材料 红枣150克，核桃50克。

调料 糯米粉适量。

做法

1. 将红枣洗净，蒸熟，去核，做成枣泥；核桃去皮，捣成泥状；糯米粉加水，制成糯米粉糊，待用。

2. 锅置火上，倒入适量清水，放入枣泥、核桃泥搅动，煮沸后用小火慢慢熬煮，将糯米粉糊缓缓倒进锅里，慢慢搅动成糊状即可。

妈妈烹调笔记

　　蒸熟后去核的红枣和去了皮的核桃用捣蒜器可以轻松地捣成泥状。

补铁食谱推荐

蛋皮如意肝卷

养肝明目、对智力和身体发育有益

材料 鸡蛋皮1张，鲜猪肝泥20克。

调料 葱姜水、盐、水淀粉、香油、植物油各适量。

做法

1. 炒锅中倒入植物油烧热，放入肝泥煸炒，并加入葱姜水、盐炒透入味，放适量水淀粉勾芡及香油略炒一会儿盛出。

2. 将蛋片抹匀水淀粉，炒好的肝泥倒在上面抹匀，然后从一边向中间卷，用水淀粉粘合相接处，合口朝下码入屉盘，蒸5分钟，出锅切成小段食用即可。

麻酱鸡丝

补脾益气、润肤

材料 去骨鸡胸肉35克，小黄瓜、胡萝卜各10克。

调料 芝麻酱5克，盐1克。

做法

1. 去骨鸡胸肉洗净，煮熟，撕成小细丝。

2. 小黄瓜与胡萝卜洗净，切成细丝。

3. 芝麻酱加少许凉白开调匀，再加上盐拌匀。

4. 将调好的芝麻酱倒在鸡丝、黄瓜丝、胡萝卜丝上拌匀即可。

妈妈烹调笔记

芝麻酱也可以加少许香油来调匀。

补铁食谱推荐

豌豆蛋黄泥

材料 豌豆100克，鸡蛋1个，大米50克。

做法

1. 豌豆去豆荚，用搅拌机打成浆，或用刀剁成蓉状；鸡蛋煮熟，取出蛋黄，压成蛋黄泥。
2. 大米洗净，浸泡2小时左右，连水放入锅中，倒入豆蓉煮至糊状，拌入蛋黄泥焖5分钟即可。

妈妈烹调笔记

炒菜时可加入少许豌豆，能增加菜肴的色彩，促进宝宝食欲。

菠菜猪血汤

材料 菠菜30克，猪血80克。

调料 盐2克，香油、植物油各少许。

做法

1. 菠菜洗净，用热水焯一下，切段；猪血洗净，切块，焯水。
2. 锅置火上，放植物油烧热，下入波菜略炒，再放入猪血翻炒，加水大火煮开，再转小火焖煮一会儿，加盐和香油调味即可。

妈妈烹调笔记

猪血要烧至完全熟透后才能给宝宝吃，用筷子夹开没有血水渗出就是熟透了。

增强免疫力食谱

增强免疫力明星食材大盘点

狝猴桃	橙子	香菇	西蓝花	圆白菜	胡萝卜	红薯	海参	花生	牛奶

宝宝免疫力低下的表现

1. 很容易感冒，天气稍微变冷、变凉，来不及加衣服就打喷嚏，而且感冒后要过好长一段时间才能好。

2. 伤口容易感染，身体哪个部位不小心被划伤后，几天之内伤口就会红肿，甚至流脓。

3. 宝宝长得不壮，容易过敏，对环境的适应能力较差，尤其是在换季的时候。

4. 宝宝长得不快，智力发育水平低，反应慢。

5. 宝宝长得不高，个子较矮，身体发育有些迟缓。

增强宝宝免疫力的科学方法

食物中特定的营养成分对构筑宝宝的免疫系统起着至关重要的作用。选择什么样的食物取决于宝宝所处的阶段。母乳期时，母乳是宝宝最好的营养食品；添加辅食阶段，母乳和辅食都是宝宝的营养食品；宝宝1岁以后，多样的食物是宝宝最合适的选择。需要提醒妈妈们的是，摄入充足的水分也有助于增强宝宝的免疫力。宝宝偏食，营养不均衡也会使免疫力下降。给宝宝吃的食物种类一定要丰富多样，肉、蛋、新鲜蔬菜水果品种尽可能多样，少吃各种油炸、熏烤、过甜的食物。

此外，运动和锻炼也是增强宝宝免疫力的良好途径。无论是哪个年龄段的宝宝，不论在什么季节，都应该鼓励宝宝多参加运动，增强体质。锻炼身体可以加快宝宝的新陈代谢，提升宝宝的食欲，并有助于宝宝休息。

还有，充足的睡眠时间、和睦的家庭氛围、不随便使用抗生素，都对提高宝宝的免疫力大有裨益。

增强免疫力食谱推荐

香菇疙瘩汤

养脾胃、抗病毒

材料　面粉50克，香菇丁50克，鸡蛋1
　　　个，虾仁、菠菜各20克。

调料　盐3克，高汤500毫升，香油
　　　少许。

做法

1. 虾仁去虾线，洗净切碎；鸡蛋取蛋
   清，与面粉、适量清水和成面团，
   揉匀，擀成薄片，切成小丁，撒入
   少许面粉，搓成小球；蛋黄打成蛋
   液；菠菜洗净，焯水，切段。

2. 锅中放高汤、虾仁碎、面球煮熟，
   加蛋黄液、盐、香菇丁、菠菜段煮
   熟，最后淋香油即可。

胡萝卜汤

护眼、促进宝宝骨骼发育

材料　胡萝卜50克。

做法

1. 将胡萝卜洗净，切碎，放入锅内，
   加入水，上火煮沸约20分钟。

2. 用纱布过滤去渣即可饮用。

妈妈烹调笔记

　　要选用新鲜的胡萝卜做原料。操作
时，要切碎，煮烂，去渣要彻底。此菜汤
尤其适宜4~5个月的婴儿食用。

增强免疫力食谱推荐

鲜橙泥

开胃止呕、克服紧张情绪

材料 橙子1个。

做法

1. 将橙子横向一切为二，然后将剖面覆盖在玻璃挤橙器上旋转，使橙汁流入下面的缸内。

2. 加一些温开水，调稀些即可喂给宝宝。

妈妈烹调笔记

　　这道鲜橙泥宜现做现吃，做完放置会大大降低维生素C的含量。

海参蛋汤

健脑、增强造血功能

材料 海参150克，红枣20克，鹌鹑蛋6个。

调料 盐2克。

做法

1. 海参预先用水发透，去内脏、内壁膜，用水洗净切块；鹌鹑蛋先放入锅中，加清水煮熟，捞出过凉，剥壳备用；红枣用清水洗干净，去核。

2. 将以上所有食材放入瓦煲中，加入适量清水，中火煲1小时，加入少许盐调味即可。

妈妈们一定要知道的事

　　海参营养丰富，肉质细嫩，易于消化，非常适合体质虚弱的宝宝食用。

增强免疫力食谱推荐

肉末蒸圆白菜

补血、润燥

材料　猪肉末100克，圆白菜叶50克。

调料　酱油、盐、葱末、植物油各适量。

做法

1. 将圆白菜用开水焯烫一下捞出，凉凉，将菜叶平铺到砧板上。

2. 锅置火上，倒植物油烧至三成热，下入肉末煸炒至断生，加入盐、葱末、酱油翻炒几下。

3. 将炒好的肉末倒在圆白菜叶上卷好，放蒸锅里蒸，上汽后继续蒸3分钟即可。

红薯酸奶

预防便秘、提高注意力

材料　红薯100克，原味酸奶40克。

做法

1. 将红薯去皮，在清水中略泡。

2. 将红薯放入耐热容器中，加适量清水，包上保鲜膜，放进微波炉中加热至熟。

3. 将熟红薯取出，趁热碾成红薯泥。

4. 在小碗或盘中倒上原味酸奶，放入凉凉的红薯泥即可。

妈妈烹调笔记

　　这道红薯酸奶应让宝宝趁温热时食用，不然会致上腹部不适。

益气补血食谱

益气补血明星食材大盘点

红枣	桂圆	花生	黑芝麻	山药	瘦牛肉	糯米	小米	枸杞	莲藕

少吃会耗气的食物

要注意给宝宝多吃些可益气的食物，像生萝卜、空心菜等有耗气之弊的食物尽量少吃。膳食原则是"益气补血"。注意尽量少给宝宝吃油炸食物，宜少吃多餐！

另外，不宜让宝宝做剧烈运动以防耗气，可以进行散步、慢跑等柔缓偏于静养的运动，要持之以恒。

越细碎的食物越补气血

营养学里有一种叫"要素饮食"的方法，是将各种营养食物打成粉状，进入消化道后，即使在没有消化液的情况下，也能直接吸收，这种方法是在给不能吃饭的重症病人配鼻饲营养液时常用到的。由此看来，消化、吸收的关键与食物的形态有很大关系，而液体的、糊状的食物因分子结构小就可以直接通过消化道的黏膜上皮细胞进入血液循环来滋养我们的身体。

想想喂养宝宝的整个过程，也是这个道理。宝宝出生时喝母乳、配方奶等液体食物，不需任何帮助其营养物质就能直接进入血液。4个月后，添加的稀饭、烂面条、肉泥、鱼泥、菜泥，同样在进入消化道后被顺利地吸收进入血液。

所以，给身体消瘦、气色暗淡的宝宝做的食物不但要有营养，还要是糊状的、稀烂的、切碎的，这样能很快帮助宝宝恢复健康，找回好气色。

益气补血食谱推荐

豆豉牛肉

滋养脾胃、强筋壮骨

材料　牛肉150克，豆豉15克，鸡汤
　　　30克。

调料　酱油5克。

做法

1. 牛肉洗净，切成碎末；豆豉用匙压
   烂，加入少许水拌匀。

2. 锅置火上，放油烧热，下入牛肉末煸
   炒片刻，再下入碎豆豉、鸡汤和酱
   油，搅拌均匀即可。

 妈妈烹调笔记

　　豆豉有咸味，可以不加盐。酱油也
是有咸味的，应少加或不加。

桂圆红枣豆浆

益心脾、补气血

材料　黄豆60克，桂圆15克，红枣
　　　50克。

做法

1. 黄豆用清水浸泡8～12小时，洗净；
   桂圆去壳、核；红枣洗净，去核，切
   碎。

2. 把上述食材一同倒入全自动豆浆机
   中，加水至上、下水位线之间，按下
   "豆浆"键，煮至豆浆机提示豆浆做
   好即可。

 妈妈烹调笔记

　　也可以加入一些熟花生仁和芝麻，
打出的豆浆会有浓郁香味。

健脑益智食谱

健脑益智明星食材大盘点

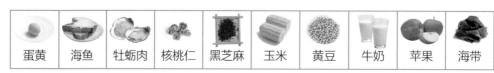

| 蛋黄 | 海鱼 | 牡蛎肉 | 核桃仁 | 黑芝麻 | 玉米 | 黄豆 | 牛奶 | 苹果 | 海带 |

远离含铅、含铝食物

铅是宝宝健康的"杀手"。当宝宝的血铅浓度达到15微克/100毫升时，就会引起发育迟缓和智力减退，而且年龄越小神经受损越重。含铅食品主要有爆米花、松花蛋、罐装食品或饮料等。铅中毒的症状是食欲缺乏、动作过多、兴奋、睡眠差、尿频遗尿、脾气急躁、喜怒无常、精神不易集中、听觉和语言表达能力差、学习能力欠佳等。

油条、粉丝、凉粉、油饼等食品中的铝含量很高，如果经常给宝宝吃这些食物，就会造成铝摄入过多，从而影响脑细胞功能，导致记忆力下降，思维能力迟钝。尽量不用铝锅、铝壶等厨具。

少吃太咸或太甜的食物

太咸的食物，不仅会引起宝宝高血压、动脉硬化等症，还会损伤动脉血管，影响脑组织的血液供应，使脑细胞长期处于缺血、缺氧状态，导致智力迟钝，记忆力下降。

爱吃甜食的宝宝，当心吃太多可能会变笨！吃过多太甜的食物会干扰大脑思考和产生情绪的过程，而且长期高糖分饮食，会让人变笨，记忆力、学习能力变差。因此建议宝宝应远离甜点、碳酸饮料等高糖分食品。

吃得过饱容易变笨

吃得过饱，摄入的热量就会大大超过消耗的热量，使热量转变成脂肪在体内蓄积。如果脑组织的脂肪过多，就会引起"肥胖脑"。宝宝的智力与大脑沟回皱褶多少有关，大脑的沟回越明显、皱褶越多越聪明。而肥胖脑使沟回紧紧靠在一起，皱褶消失，大脑皮层呈平滑样，而且神经网络的发育也差，所以，智力水平就会降低。

健脑益智食谱推荐

胡萝卜拌莴笋

增进食欲、促进消化

材料　胡萝卜50克，莴笋100克。

调料　盐2克，香油少许。

做法

1. 胡萝卜洗净，去皮，切小菱形片；莴笋洗净，去皮，切菱形片。

2. 锅内加水烧沸，放入胡萝卜片和莴笋片焯熟，捞出沥干水分。

3. 将胡萝卜片和莴笋片放入碗中，加盐、香油拌匀即可。

妈妈们一定要知道的事

患有眼病的宝宝应少吃莴笋。

花生大米粥

健脾开胃、增强记忆力

材料　带衣花生米30克，大米50克。

做法

1. 将花生米捣烂，大米淘洗干净。

2. 将花生碎和大米放入锅中，大火煮开，转小火熬煮至粥熟即可。

妈妈烹调笔记

花生米也可以换成黑芝麻或核桃仁，煮出的粥不但同样好喝，对宝宝的智力发育也很有益处！

健脑益智食谱推荐

番茄肝末汤

开胃、补血、预防感冒

材料 猪肝、番茄各100克,洋葱20克。

调料 盐2克。

做法

1. 将猪肝洗净剁碎;番茄用开水烫一下,去皮,切末;洋葱剥皮,洗净,切碎备用。

2. 将猪肝碎、洋葱碎同时放入锅内,加入水或肉汤煮开,最后加入番茄末、盐煮熟即可。

妈妈烹调笔记

如果宝宝喜欢酸的味道浓一些,可以在汤中加适量番茄酱调味。

芝麻核桃露

健脑益智、养血补血

材料 去皮核桃仁200克,白芝麻、糯米粉各50克。

做法

1. 核桃仁炒熟,碾碎;白芝麻挑去杂质,炒熟,碾碎;糯米粉加适量清水调成糯米糊。

2. 碾碎的芝麻和核桃仁倒入汤锅内,加适量水烧开,改为小火,把糯米糊慢慢淋入锅内,煮成浓稠状即可。

妈妈烹调笔记

调糯米糊时清水要一点点地加入,这样调出的糯米糊滋润,没有结块。

健脑益智食谱推荐

黄豆鱼蓉粥

让宝宝头脑更聪明

材料　黄豆60克，青鱼80克，白粥1小碗。
调料　盐少许。
做法

1. 将黄豆洗净，加水煮至熟烂；青鱼去皮，切成小片。
2. 待锅中白粥煮开，放入黄豆粒煮至熟透。
3. 下入鱼片，开大火煮1分钟，加盐调味即可。

　　黄豆最好煮至用手指轻轻就能捏碎的程度，这样更易于宝宝消化。

苹果酸奶饮

提升记忆力、提高免疫力

材料　苹果300克，酸奶300毫升。
调料　蜂蜜适量。
做法

1. 苹果洗净，去皮、核，切小块。
2. 将苹果、酸奶放入榨汁机中搅打，打好后调入蜂蜜即可。

　　喝完酸奶后一定要让宝宝漱口，否则酸奶中的酸性物质及乳酸菌会影响宝宝牙齿的健康。

明目护眼食谱

明目护眼明星食材大盘点

动物肝脏	胡萝卜	番茄	鸡蛋	牛奶	枸杞	牡蛎	鳕鱼	荸荠

对眼睛有益的营养素

☀ 维生素A

维生素A的最好来源是各种动物的肝脏、鱼肝油、奶类和蛋类，维生素A能维持眼角膜正常，不使眼角膜干燥和退化。增强在黑暗中看东西的能力。

☀ 胡萝卜素

含胡萝卜素多的食物，如胡萝卜、南瓜、青豆、番茄等，最好用油炒熟了吃或凉拌时加点熟油吃。这样有助于胡萝卜素在人体内能转变成维生素A。

☀ 维生素C

含有维生素C的食物对眼睛也有益，比如各种新鲜蔬菜和水果，其中尤以青椒、黄瓜、菜花、小白菜、鲜枣、梨、橘子中含量最高。

☀ 钙

钙对眼睛也是有好处的，钙有消除眼睛紧张的作用。豆类、绿叶蔬菜、虾皮含钙量都比较丰富。

☀ 维生素B_2

含维生素B_2多的食物有牛奶、瘦肉、鸡蛋、酵母、扁豆等。维生素B_2能保证眼睛视网膜和角膜的正常代谢。

甜食过量伤眼睛

大部分的爸爸妈妈只知道常吃甜食容易增加体重，其实，还会影响眼睛健康。甜食中的糖分在人体内代谢时需要大量的维生素B_1，如果宝宝摄入过多的糖分，体内的维生素B_1就会相对不足。如果宝宝患有近视，应该尽量少吃甜食，可以多吃些白萝卜、胡萝卜、黄瓜、豆芽、青菜、糙米和芝麻等，这些食物对视力有好处。

少吃辣味食物

对眼睛而言，最怕体内热上加热。辣味食物容易让身体上火，宝宝过多地摄入辣味食物可能直接伤及眼睛，使眼睛有烧灼感，眼球血管充血，还容易发生结膜炎、视力减退等。北方空气干燥，更应少吃辣味食物，不然对眼睛的伤害会更大。

明目护眼食谱推荐

玉米豌豆粥

促进宝宝视力发育

材料　大米20克，玉米10克，豌豆5克。
做法

1. 大米洗净，浸泡半小时。
2. 玉米和豌豆均洗净，放入开水中稍烫，去皮捣碎。
3. 将大米和适量水倒入锅中，大火煮开，再放入玉米碎和豌豆碎煮成烂粥。

妈妈烹调笔记

　　煮粥时应把浸泡大米的水也倒入锅中，因为浸泡大米的水富含维生素B_1。

油菜蛋羹

补血、补铁、明目

材料　鸡蛋1个，油菜叶50克，猪瘦肉20克。
调料　盐2克，葱末3克，香油少许。
做法

1. 油菜叶、猪瘦肉分别洗净，切碎。
2. 鸡蛋磕入碗中，打散，加入油菜碎、猪肉末、盐、葱末和适量凉开水，搅拌均匀。
3. 蒸锅置火上，加适量清水煮沸，将混合蛋液放入蒸锅中，用中火蒸6~8分钟，淋香油即可。

健齿食谱

健齿明星食材大盘点

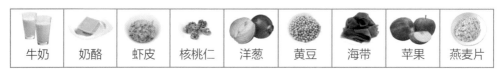

牛奶	奶酪	虾皮	核桃仁	洋葱	黄豆	海带	苹果	燕麦片

能健齿的营养素

★ 矿物质

宝宝牙齿、牙槽骨的主要成分是钙和磷，足够的钙和磷是形成牙齿的基础，多吃富含钙和磷的食物可使牙齿坚固。钙的最佳来源是奶及奶制品，并且吸收率高，是宝宝理想的补钙来源。粗粮、黄豆、海带、木耳等食物，含有较多的磷、铁、锌、氟，有助于牙齿的健康。

★ 蛋白质

富含蛋白质的食物对牙齿的形成、发育、萌出有着重要的作用。蛋白质的来源有动物性蛋白质，如乳类、鱼类、肉类，也有植物性蛋白质，如谷物、豆类、干果。经常摄入这两类蛋白质，可促进宝宝牙齿的正常发育，减少牙齿形态异常、牙周组织变性、牙齿萌出延迟及龋齿的发生。

★ 维生素

维生素是调节人体功能的有机化合物，如钙的沉淀及吸收需要维生素D的协助，牙釉面的形成需要B族维生素和维生素C的参与，牙龈组织的健康需要维生素A、维生素C的扶持等。如果宝宝摄入的维生素比例失调，便会造成牙齿发育不全和钙化不良。

控制含糖食物的摄入

大多数的父母都知道宝宝多吃糖会生龋齿，吃糖量和龋病的发生率成正比。爸爸妈妈要让宝宝做到餐前不吃糖，以免降低食欲，影响正餐时营养物质的摄入；睡前不吃糖，以免残留糖液侵蚀牙齿；减少吃糖次数，少吃饼干、蛋糕等黏性甜食；吃糖后要及时刷牙漱口。

健齿食谱推荐

绿豆奶酪

清热解毒、补钙

材料 绿豆30克，鲜奶250毫升，琼脂
10克，红枣3颗。

做法

1. 绿豆、红枣淘洗干净浸泡4小时，放
入高压锅中煮熟；琼脂用热水浸泡；
鲜奶倒入锅中煮沸。

2. 另取锅倒入少许水煮开，放入琼脂煮
至溶化，将其倒入煮开的奶中，小火
煮3分钟，加入煮熟的绿豆、红枣搅
匀，倒入杯中凉凉，凝固后食用即
可。

紫菜鲈鱼卷

健脑、保护牙齿

材料 鲈鱼肉200克，紫菜1张，蛋清
1个。

调料 盐2克。

做法

1. 鲈鱼肉洗净，去净刺，将鱼肉剁成
泥，加入蛋清搅匀，再加盐调味。

2. 紫菜平铺，均匀抹上鱼泥，卷成卷。

3. 锅置火上，倒入适量水，放入鲈鱼卷
隔水蒸熟即可。

妈妈烹调笔记

鲈鱼肉质肥厚鲜嫩，刺少，且没有
腥味，非常适合宝宝食用。

健脾开胃食谱

健脾开胃明星食材大盘点

| 山药 | 小米 | 玉米 | 薏米 | 红豆 | 红枣 | 山楂 | 木瓜 | 莲藕 | 番茄 |

调理宝宝脾胃功能的方法

　　饮食上，妈妈们要注意调剂花样，要清淡少油腻，细软易消化；可以给宝宝吃些能补脾胃助消化的食物，如山药、扁豆等；烹调时，最好把食物制作成汤、羹、糕等，尽量少吃或不吃煎、炸、烤的食物；多给宝宝吃些富含胡萝卜素的食物，如胡萝卜、南瓜、橘子等，以保护呼吸道和胃肠道的黏膜免受病毒或细菌的侵袭，保护脾胃功能。

忌吃寒凉食物

　　脾胃最怕寒凉的食物，这个"寒凉"不单单指我们所说的温度冰冷的食物，还包括它的属性，像香蕉、西瓜这些都是寒性食物，宝宝吃多了会影响消化、吸收。因此，脾胃不好的宝宝尽量少吃水果，因为水果大多数都性质寒凉，容易伤脾胃。另外，像冰激凌、雪糕等也要少给宝宝吃。

健脾开胃应规律进食

　　规律地进餐，定时定量，可形成条件反射，有助于消化腺的分泌，更利于消化。要做到每餐食量适度，每日三餐定时，到了该吃饭的时间，不管肚子饿不饿，都应让宝宝进食，避免过饥或过饱。

　　另外，饮食的温度应以"不烫不凉"为度。宝宝吃饭的时候要让他细嚼慢咽，以减轻胃肠负担，对食物充分咀嚼次数愈多，随之分泌的唾液也愈多，对胃黏膜的保护作用也愈大。

健脾开胃食谱推荐

红豆山楂米糊

健脾祛湿、助消化

材料 红豆、大米各50克，山楂10克。

做法

1. 红豆洗净，浸泡4~6小时；大米淘洗干净，浸泡2小时；山楂洗净，浸泡半小时，去核。

2. 将全部食材倒入全自动豆浆机中，加水至上、下水位线之间，按下"米糊"键，煮至豆浆机提示米糊做好即可。

妈妈们一定要知道的事

宝宝空腹时不宜吃山楂；吃完山楂后要及时漱口，以防损害宝宝牙齿。

山药羹

健脾益气、增进食欲

材料 山药100克，糯米50克，枸杞少许。

做法

1. 山药去皮，洗净，切块；糯米淘洗干净，放入清水中浸泡3小时，然后和山药块一起放入搅拌机中打成汁。

2. 糯米山药汁和枸杞一起放入锅中煮成羹即可。

妈妈们一定要知道的事

山药料理得越细碎宝宝越容易消化吸收。

润肠排毒食谱

润肠排毒明星食材大盘点

糙米	燕麦片	红薯	南瓜	海带	芹菜	大白菜	香蕉	梨	动物血

宝宝体内可能藏毒的表现

★ 便秘

长期便秘，大便不能及时排出体外，肠道会堆积由粪便带来的大量毒素，这些毒素被人体吸收后会引发口臭、胃不适等症状，还会导致抵抗力下降。

★ 口臭

口臭的形成主要是宝宝长期上火、内分泌失调产生的脾毒所致。因此，要除口臭，关键在除脾毒。

★ 皮肤瘙痒

皮肤是人体最大的排毒器官，皮肤上的皮脂腺和汗腺通过出汗等方式排出其他器官无法排解的毒素。如果皮肤出现瘙痒，意味着皮肤排毒功能下降。

★ 湿疹

湿疹是由新陈代谢过程中产生过多的废物不能及时排出造成的。

警惕可能藏毒的食品

腌制食品。腌制类食品加工过程中会加入很多盐，盐中含有亚硝酸盐、硝酸盐等物质，可能产生如亚硝酸胺等有害物质，不宜给宝宝食用，对身体健康不利，可诱发癌症。

含铅食品。常见的含铅食品有松花蛋、膨化食品等。铅是一种对神经系统损害最为严重的重金属元素，进入血液后，可引起机体代谢过程的障碍，对全身各组织器官都有损害。

某些天然食物也可能含有毒素，比如发芽土豆、没做熟的豆角、半生不熟的豆浆等。

另外，杯子、暖壶或水壶用久了会产生水垢，水垢中含有较多的有害金属元素，如镉、汞、砷、铝等，如果不及时将这些水垢清除干净，会引起消化、神经、泌尿、造血、循环等系统的病变，不利于宝宝的健康。

润肠排毒食谱推荐

瘦肉玉米糁粥

开胃、防便秘

材料 玉米糁200克，猪瘦肉末50克，
　　　 鸡蛋1个。

调料 盐5克，淀粉适量。

做法

1. 玉米糁淘洗干净，浸泡6小时，捞
　 出；鸡蛋磕开，搅匀成蛋液。

2. 猪瘦肉末放入碗中，加盐和淀粉腌
　 渍15分钟。

3. 锅内倒清水烧沸，放入玉米糁烧开，
　 转小火熬煮1小时，放入猪肉末煮5分
　 钟，淋上鸡蛋液，加盐调好口味即
　 可。

蔬菜卷

预防便秘、增强宝宝记忆力

材料 春卷皮1张，紫菜1片，生菜30
　　　 克，胡萝卜丝40克，鸡蛋1个。

做法

1. 胡萝卜丝余烫，沥干；生菜洗净，撕
　 开；鸡蛋打散成蛋液，煎成蛋皮，
　 切丝；春卷皮上先铺紫菜，再铺上生
　 菜、胡萝卜丝、蛋丝。

2. 将春卷皮连同食材一起卷起来即可。

妈妈们一定要知道的事

　　蔬菜卷可以直接让宝宝用手拿着
吃，也可以作为外出时的点心。

改善睡眠食谱

改善睡眠明星食材大盘点

小米	百合	牛奶	莲子	红枣	莲藕	小麦仁	核桃仁	蜂蜜

晚餐远离三类食物

1. 辛辣的食物。晚餐给宝宝吃辛辣的食物也是影响睡眠的重要原因。辣椒、大蒜、洋葱等会造成胃中有灼烧感和消化不良，进而影响宝宝睡眠。

2. 油腻的食物。宝宝晚餐吃了油腻的食物后会加重肠、胃、肝、胆和胰的工作负担，刺激神经中枢，让它一直处于工作状态，也会导致宝宝睡眠不好。

3. 含咖啡因的食物。很多人都知道，咖啡因会刺激神经系统，还具有一定的利尿作用，这类食物有巧克力、可乐等。

喝牛奶改善睡眠有讲究

睡前喝杯热牛奶，是改善睡眠经常建议的做法，因为奶制品含色胺酸———一种有助于睡眠的物质。喝牛奶时宜搭配富含碳水化合物的食物一起吃，这样才能增加血液中有助于睡眠的色胺酸的浓度。而且这样喝牛奶还能消除有些宝宝喝了牛奶会出现的胀气等不适症状。所以，如果睡前要用喝牛奶来改善宝宝睡眠的话，要同时给宝宝吃些馒头片、面包等富含碳水化合物的食物。

晚餐不过饱，睡前不过动

晚餐时不宜让宝宝吃得过饱，因为脾胃晚上也需要休息，晚上吃得太饱会加重脾胃的负担，扰动脾胃的阳气，从而影响宝宝睡眠。宝宝晚餐宜吃七八分饱，并且食物的口味尽量清淡。

睡前30分钟不宜让宝宝看电视、听音响、嬉闹玩耍或剧烈运动，这是因为电视、音响等电器发出的辐射会干扰宝宝的自律神经，影响睡眠。

改善睡眠食谱推荐

牛奶小米粥

养心安神、促进睡眠

材料 大米、小米各30克，牛奶半袋。

做法

1. 大米、小米分别淘洗干净，大米浸泡30分钟。
2. 锅置火上，倒入适量清水煮沸，分别放入大米和小米，先以大火煮至米涨开，倒入牛奶继续煮，再沸后，转小火熬煮，并不停搅拌，一直煮到米粒烂熟即可。

红枣山药粥

益智安神、健脾胃

材料 山药60克，大米50克，薏米10克，红枣25克。

做法

1. 将红枣用沸水涨发后去核；山药去皮，切丁；大米淘洗干净；薏米淘洗干净后用清水浸泡2～3小时。
2. 将大米和薏米大火熬15分钟，加入红枣、山药丁，用小火再煮10分钟即可。

妈妈烹调笔记

　　薏米米质较硬，煮粥前应用水泡软再与其他米一起煮就很容易熟了。

去火食谱

去火明星食材大盘点

绿豆	苦瓜	黄瓜	白萝卜	芹菜	梨	西瓜	冰糖	百合	蜂蜜

少吃易上火的食物

要预防宝宝上火，饮食很重要，不要给宝宝吃辛辣刺激性的食物、含胆固醇和糖分较高的食物，还有过于油腻性的食物，这些食物都是容易引起上火的食物，要少吃。这些食物包括巧克力、炸鸡、炸薯条、汉堡等。此外，荔枝属于热性水果，民间有"一颗荔枝三把火"的说法。

宝宝去火饮食要点

★ 常吃新鲜水果和蔬菜

新鲜的水果和蔬菜除了含有大量水分外，还富含维生素、矿物质和膳食纤维，这些营养素可以起到清热解毒的作用。比如香蕉具有润肠的效果，此外，黄瓜、番茄、梨、橙子、西瓜等，都是常见的清润降火的美味蔬果。

★ 饮水充足

宝宝上火会消耗体内的水分，给宝宝多喝些白开水，这样可以补充丢失的水分，还能清理肠道，排出废物，唤醒消化系统，恢复身体机能，清洁口腔等。宝宝上火时如果不喜欢淡而无味的白开水，也可给宝宝喝些柠檬水。

★ 饮食应注重平衡和清淡

少吃辛辣、油炸、三高（高脂肪、高蛋白、高糖）食品，尽量做到肉、蛋、奶、蔬菜均衡摄入，不要暴饮暴食，因为食物积聚在胃肠道很容易使人上火。

去火食谱推荐

绿豆莲藕汤

改善牙龈肿痛、烂嘴角

材料　绿豆150克，莲藕100克。

调料　桂花酱适量。

做法

1. 将绿豆洗净；莲藕洗净，切丁。

2. 绿豆放入锅内煮至开花，放入藕丁后，搅拌一下，继续煮一会儿。

3. 放入桂花酱拌匀即可。

妈妈们一定要知道的事

　　绿豆煮至熟透但不开花，去火效果最好。

姜汁黄瓜

缓解口干、咽痛等上火症状

材料　黄瓜1根。

调料　生姜5克，香油、盐各适量。

做法

1. 黄瓜洗净切块，用盐腌制1小时，沥出盐水备用。

2. 生姜捣碎，加水约10毫升，沥出姜汁备用。

3. 将姜汁淋在黄瓜块上，淋上香油，拌匀即可。

　　新鲜黄瓜中的维生素C含量由高至低的顺序为皮、子、肉，所以黄瓜最好连皮一起吃，不要削皮。

乌发护发食谱

乌发护发明星食材大盘点

黑豆	黑芝麻	花生	核桃	木耳	海带	动物肝脏	虾	绿叶蔬菜

宝宝头发枯黄的原因

1.甲状腺功能低下。

2.高度营养不良。

3.重度缺铁性贫血。

4.大病初愈。

这些原因导致宝宝体内黑色素减少，使乌黑头发的基本物质缺乏，黑发逐渐变为黄褐色或淡黄色。

营养不良性黄发的饮食对策

应注意调配饮食，改善宝宝身体的营养状态。鸡蛋、瘦肉、大豆、花生、核桃、黑芝麻中除含有大量蛋白质，还含有构成头发的主要成分胱氨酸及半胱氨酸，它们是养发护发的最佳食品。

酸性体质黄发的饮食对策

与血液中酸性毒素增多和给宝宝喂食过多的甜食、大鱼大肉有关。应多给宝宝吃些海带、鱼、鲜奶、豆类、蘑菇等。此外，多吃用新鲜的蔬菜和水果，有利于中和体内酸性毒素，改善头发发黄的状态。

能乌发护发的营养素

在饮食上应注意多给宝宝摄入含铁和铜的食物。含铁多的食物有动物肝脏、蛋类、木耳、海带、大豆、芝麻酱等，含铜多的食物有动物肝脏、虾蟹类、坚果和干豆类等。

缺乏维生素B_1、维生素B_2、维生素B_6也是造成宝宝头发发黄发灰的一个重要原因。应给宝宝增加这类食物的摄入，如谷类、豆类、干果、动物肝脏、奶类、蛋类和绿叶蔬菜等。

中医认为"发为血之余"，常给宝宝吃些能补血的食物也可起到乌发润发的作用。

另外，头发黑色素形成的基础是酪氨酸，酪氨酸缺乏也会造成宝宝头发黄。因此，应多摄入含酪氨酸丰富的食物，如鸡肉、瘦牛肉、瘦猪肉、兔肉、鱼及坚果等食物。

乌发护发食谱推荐

麻酱花卷

加深毛发的黑色素

材料 自发粉500克。

调料 芝麻酱、植物油各适量。

做法

1. 自发粉倒入盆中，加温水揉成柔软光滑的面团，盖上湿布饧30分钟；芝麻酱倒入小碗中，加少量植物油搅拌均匀。

2. 面团饧好后擀成大片，把调好的芝麻酱倒在面饼上抹匀，把面饼卷起来，切成花卷生坯。

3. 将做好的花卷生坯放到屉上，冷水蒸至开锅，转中火蒸25分钟即可。

猪肝摊鸡蛋

令头发亮泽、不易折断

材料 猪肝50克，鸡蛋1个。

调料 盐2克，植物油适量。

做法

1. 猪肝洗净，用热水焯过后切碎；鸡蛋打到碗里，放入猪肝碎和盐搅拌均匀。

2. 锅置火上，放植物油烧热后倒入蛋液，将鸡蛋两面煎熟即可。

妈妈们一定要知道的事

猪肝胆固醇含量较高，身体肥胖的宝宝应少吃。

祛湿食谱

祛湿明星食材大盘点

薏米	绿豆	红豆	蚕豆	黑豆	冬瓜	鲤鱼	丝瓜	苦瓜	扁豆

夏季要注意给宝宝祛湿

　　夏季天气炎热，温度高，湿度大，尤其是南方地区，夏季通常是一年四季中最为潮湿的季节，过多的湿气很容易通过皮肤进入宝宝体内，湿气太重容易伤脾，所以夏季要注意给宝宝祛湿。

　　这时宜给宝宝吃些口味清淡、爽口、易消化的食物。应少吃些肉，肉不容易消化，在胃中停留时间长，容易使宝宝感到腹胀，不思饮食。因为夏季宝宝爱出汗，体内水分蒸发过多，消化液分泌大为减少，胃肠消化功能减弱，如果再吃些不易消化的肉食，势必会加重胃肠负担，影响消化。

　　此时，还应适当给宝宝多吃一些能消暑的食物，比如西瓜、苦瓜、黄瓜、绿豆等，以减少体内的积热。宝宝在夏季出汗较多，体内的水分流失较多，应多次少量地补充水分，以温开水、绿豆汤、酸梅汤、矿泉水、西瓜汁等最为适宜，最好不喝碳酸饮料和含糖饮料。

少吃热带水果和海鲜

　　很多热带特有的水果，如菠萝蜜、榴莲、芒果，都是能增加体内湿气的食物。天气炎热潮湿的夏季不宜给宝宝食用这些食物，特别是当明显感到环境湿气给宝宝带来不适时。除了热带水果，虾蟹等海鲜也会助长体内的湿气，如果想给宝宝吃海鲜时，可以用鲤鱼、鲫鱼这类有祛湿功效的河鲜代替。

祛湿食谱推荐

红豆薏米糊

促进排尿、清热解毒

材料 薏米50克，大米、红豆各20克。

做法

1. 大米、薏米、红豆淘洗干净，分别用清水浸泡5～6小时。
2. 将大米、薏米、红豆倒入全自动豆浆机中，加水至上、下水位线之间，煮至豆浆机提示米糊做好即可。

蒜泥蚕豆

健脾益胃、清热利湿

材料 鲜蚕豆100克。

调料 大蒜2瓣，盐2克，醋5克。

做法

1. 大蒜去皮，捣成泥，加盐、醋搅拌成蒜泥调味汁。
2. 将鲜蚕豆洗净，去壳，放入凉水锅中大火煮沸，转中火煮15分钟至软，捞出沥水。
3. 将蚕豆放入盘中，浇上蒜泥调味汁，拌匀即可。

妈妈们一定要知道的事

吃蚕豆会发生过敏的宝宝一定不要再吃。

润肺食谱

润肺明星食材大盘点

莲子	山药	莲藕	白萝卜	雪梨	银耳	冰糖	荸荠	白果	蜂蜜

多吃白色食物

按照中医五色入五脏的说法，白色食物润肺、清肺效果最佳。常见的白色食物有很多，蔬菜有白萝卜、白菜、菜花、荸荠、莲藕等；水果中白色食物有甘蔗、雪梨等，其中，雪梨的水分大，性略寒，可以起到生津润燥、清热化痰的作用。另外，葡萄、石榴、柿子和柑橘虽然不是白色的，但也都是不错的养肺水果。肉食中的猪肝有不错的养肺功能，主要是去肺火，对干咳无痰等症状有一定效果。

食物生熟吃润肺效果不同

想要给宝宝润肺，不仅要选好食物，还要注意吃法和烹饪手法。其中，莲藕的清热润肺效果虽好，但要生吃才行，熟吃起到的是健脾开胃的作用；雪梨生吃可清肺热，去实火，而熟吃则主要是清虚火；白萝卜生吃能清肺热，止咳嗽，熟吃则能化痰。

秋季润肺宜多喝水

秋季气候干燥，会让宝宝的身体丢失大量水分，要及时补足这些损失，每天至少要比其他季节多喝500毫升以上的水，以保持肺脏与呼吸道的正常湿润度。还可直接将水"摄"入呼吸道，方法是将热水倒入杯中，让宝宝用鼻子对准杯口吸入，每次10分钟，每天2~3次即可。

润肺食谱推荐

鲜藕梨汁

预防秋燥

材料　新鲜莲藕200克，鸭梨1个。

做法

1. 莲藕洗净，去皮，切小块；鸭梨洗净，去皮去核，切小块。将莲藕和鸭梨一起放入搅拌机中搅碎。
2. 用消毒纱布过滤掉食物残渣，取汁饮用即可。

妈妈们一定要知道的事

　　秋天上市的莲藕营养丰富，还能预防秋燥，秋天适合给宝宝常吃些藕。

鲜白萝卜汤

止咳化痰、清热降火

材料　白萝卜200克。

调料　姜片、盐各适量。

做法

1. 白萝卜洗净，切小片，同姜片一起放入锅中。
2. 锅中加适量水，大火煮至白萝卜片熟，加适量盐调味即可。

妈妈们一定要知道的事

　　白萝卜性偏寒凉，脾胃不好的宝宝应少吃。

补益肝脏食谱

补益肝脏明星食材大盘点

青豆	绿豆	胡萝卜	葡萄	红枣	枸杞	黑芝麻	动物肝脏	香菇

护肝常吃绿色食物

中医有"青色入肝经"一说，绿色食物有益肝气循环、代谢，还能消除疲劳，舒缓肝郁，常吃些深色或绿色的食物能起到养肝护肝的作用。给宝宝护肝不妨多吃这些绿色的水果和蔬菜，比如西蓝花、菠菜、油菜、猕猴桃、青苹果等。

多吃酸味食物

中医认为酸味入肝，所以日常给宝宝多吃酸味的食物可以达到养肝的目的，山楂、葡萄等酸味的食物都可以。肝气旺盛的季节，比如春季暂时不宜给宝宝多吃酸味食物，容易造成肝气过盛，秋季则是可以多吃酸味食物养肝的季节。

保持清淡的口味

给宝宝吃的食物都应该以清淡为主，应多吃些新鲜的蔬菜、水果等，同时还不能食用生冷、油腻、辛辣、刺激性的食物，油炸以及油腻的食物也尽量不要吃。不过不管什么食物，都不能食用过量，过量同样也会加重宝宝的肝脏负担。

另外，每天要让宝宝摄入充足的水分，适量多喝些水可补充体液，增强血液循环，促进新陈代谢，多喝水还有利于消化吸收和排除废物，减少代谢产物和毒素对肝脏的损害。

远离食物污染

注意清除蔬菜、瓜果的残留农药；远离含有增白剂、添加剂的食物；不吃熏烤食物及变质食物，如烂姜、发芽的土豆等；尽量选购农药污染轻或不用农药的蔬菜，并多用清水冲洗；吃瓜果要削皮；尽量少吃或不吃含添加剂的食品，如罐头、香肠等。

补益肝脏食谱推荐

黑米青豆豆浆

养肝、护肝、明目

材料 黄豆50克，黑米、青豆各20克。

做法

1. 黄豆、青豆洗净用清水浸泡10～12小时；黑米淘洗干净，用清水浸泡2小时。

2. 把上述食材一同倒入全自动豆浆机中，加水至上、下水位线之间，煮至豆浆机提示豆浆做好即可。

妈妈烹调笔记

青豆也可以换成养肝效果同样不错的绿豆。

胡萝卜羹

健脾和胃、补肝明目

材料 胡萝卜半个，肉汤100毫升。

调料 黄油适量。

做法

1. 将胡萝卜蒸熟并捣碎，加入肉汤，倒入锅中同煮。

2. 胡萝卜熟烂后再放黄油，用小火略煮一下即可。

妈妈们一定要知道的事

胡萝卜与富含油脂的食物一同烹调或一起食用，能促进其所富含的胡萝卜素被更好地吸收。

反侵权盗版声明

电子工业出版社依法对本作品享有专有出版权。任何未经权利人书面许可，复制、销售或通过信息网络传播本作品的行为；歪曲、篡改、剽窃本作品的行为，均违反《中华人民共和国著作权法》，其行为人应承担相应的民事责任和行政责任，构成犯罪的，将被依法追究刑事责任。

为了维护市场秩序，保护权利人的合法权益，我社将依法查处和打击侵权盗版的单位和个人。欢迎社会各界人士积极举报侵权盗版行为，本社将奖励举报有功人员，并保证举报人的信息不被泄露。

举报电话：　(010)88254396；(010)88258888
传　　真：　(010)88254397
E-mail：　dbqq@phei.com.cn
通信地址：　北京市万寿路173信箱
　　　　　　电子工业出版社总编办公室
邮　　编：　100036